首富

馬雲

Ma Yun

獨家創業課

——阿里巴巴的新突破

魯智 著

目錄 CONTENTS

第三課　資金從哪裡來，花到哪裡去／59

第四課　關係不一定可靠，更可靠的是信譽／77

第五課　只有持久的激情才是賺錢的／99

目錄 CONTENTS

CONTENTS 目錄

第九課　領導力：最大的挑戰和突破在於用人／209

第十課　最重要的是明白客戶需要什麼／245

前言

「銀行不改變，我們就來改變銀行。」中國阿里巴巴網站首席執行官馬雲這一句話，可以說影響了整個中國金融界。他不僅說到了，還真的做到了。馬雲的「餘額寶」，每年為存款人多賺了兩百億！可以說，是馬雲開創了中國的互聯網金融，並將繼續領跑和變革這個時代。

當大家埋首在手機上玩「微信」玩得正酣時，馬雲也不甘示弱地走到台前，力推阿里巴巴的即時通訊工具「來往」。雖然騰訊的「微信」對此不屑，甚至有人調侃道：「微信現在如日中天，其發展速度甩開易信、來往什麼的N光年。」但「來往」的競爭力度絕不會因此減弱。

事實是，馬雲將繼續在商海裏「折騰」下去。在二〇一三年剛宣布退休不到一個月的時間裏，馬雲就穿著一身藍色太極服出現在深圳的「中國智慧骨幹網」發佈會上，與他一起出席的是幾乎能壟斷中國快遞業的「三通一達」的董事長和高層。

馬雲說：「現在中國每天有兩千五百萬個左右的包裹，十年後預計是每天兩億個。今天中國的物流體系沒有辦法支撐未來的『兩億』。所以我們有一個大膽的設想，通過建設『中國智慧骨幹網』，讓全國兩千個城市——在任何一個地方，只要你上網購物，廿四小時之內一定貨送到你家。」毋庸置疑，馬雲已經有了新的目標和方向。

……

馬雲，這位無數年輕人崇拜的創業偶像。不管是阿里巴巴、淘寶，還是支付寶，抑或是餘額寶，他總能帶給我們那麼多意外的驚喜。這位互聯網界的傳奇人物，正用他的人生激勵著現在的年輕人奮勇前行。

而馬雲成功的原因，也總是被無數人當作話題來討論。有人說是他的商業模式獨特，走了一條別人沒有走過的路；也有人說是因爲馬雲的天才領導力，可以讓身邊的人死心塌地跟隨他……當然，馬雲的成功，不可能是單一因素決定的。

馬雲在中央電視臺舉辦的「贏在中國」節目中說：「作爲一個創業者，首先要給自己一個夢想。」的確，想創業，一定要有一個夢想，然後，再「像堅持初戀一樣堅持你的夢想」——這是馬雲給我們的第一個忠告。

作爲一名商人，馬雲還是「勘探」市場、開發市場的高手。他有敏銳的市場意識，善於抓住每一次稍縱即逝的市場機會，不斷創造出新的市場。

馬雲告訴我們，創業者能否取得成功，往往取決於他捕捉資訊和運用資訊的能力。身處資訊時代，資訊就是我們經商的基礎，所以，捕捉到了資訊，就等於捕捉到了成功的機遇。

另外，剛開始創業的人，他們不去思考在創業的過程中會遇到什麼樣的困難，並應以怎樣的方式去應對，而總是會習慣性地幻想自己成功的那天是什麼樣子，或者企業做大、做強以後是什麼樣子。針對這種心理，馬雲又給了所有創業者這樣的忠告：「創業者要永遠告訴自己一句話——從創業的第一天起，你每天要面對的是困難和失敗，而不是成功。」

馬雲說：「如果你沒有做好在創業路上摔一百個跟頭的準備，你不要創業；如果你沒有做好無數次被拒絕甚至被嘲諷的準備，你不要創業；如果你沒有做好『被全世界人拋棄』的準備，你不要創業。」而馬雲正是做好了這一切的心理準備，在創業的過程中，他才能遇到困難冷靜應對，遭遇挫敗依然堅持不懈……

除此之外，任何一個企業家的成功，都需要一種特立獨行的精神。馬雲的創業精神，正是那種敢於幹大事、做品牌、闖天下、不走尋常路的精神。而那些正在準備創業，或者已經在創業的路上艱難跋涉的人們，勢必也要有這樣一種精神。因為，只有擁有了這種精神，我們才能在百般磨難中始終保持瘋狂而持久的激情。

又如馬雲說的：「創業者的激情很重要，但是一個人的激情沒有用，很多人的激情非常有用。」可見，馬雲對保持團隊激情也是非常重視的。事實上，對一個創業者來說，如果你能擁有一支優秀的團隊，那麼你就擁有了在整個行業中的核心競爭力，這樣，你便更接近成功了。

當然，做企業光有激情、魄力和吃苦的精神是不夠的。整個團隊的使命感和價值觀往往更能提高整個公司的凝聚力，並且引領著這個整體向著既定的方向不斷前進。

在「讓天下沒有難做的生意」的使命感的牽引下，阿里巴巴制定了自己獨特的價值觀；也正是「讓天下沒有難做的生意」的使命感，使阿里巴巴受到了眾多客戶的尊重。有了阿里巴巴這個平臺，不僅能幫助眾多中小企業解決問題，更能爲社會創造出更多就業機會。

正如馬雲所預測的：「進入廿一世紀之後，只有解決社會問題的企業才會獲得持續發展。」馬雲意在告訴廣大創業者，在未來，社會責任會逐步成爲企業家們的共同責任。

事實上，馬雲給我們的忠告遠遠不止這些。本書結合馬雲的親身經歷、他的創業經典語錄，進一步爲創業者作一次全面的總結，並引領創業者走上一條更通暢的創業之路。

第一課

成功沒有模式，一定要有獨特的想法

1 做出自己的風格，企業要有自己獨特的模式

當許多剛創辦的企業競相模仿那些成功企業的經營方式的時候，當無數企業紛紛購置設備和軟體將企業與網際網路聯結起來的時候，當幾乎全世界都在爲網際網路在商業上的成功應用而歡呼喝彩的時候，當許多高技術企業投入大量資金建立網站、大做廣告的時候，當大多數企業因盲目照搬西方成功企業的模式而血本無歸的時候……

這不能不引起許多創業者的關注和反思：一個人若總是模仿別人，就會失去自己的個性，成爲別人的翻版而非自己；一個企業若不去尋找一套適合自己發展的方案，而總是跟在別的企業的後面，亦步亦趨，這樣的企業只會越做越死，最後走向滅亡。

實際上，每一個成功的企業都是因爲打造了適合自己發展的獨特經營思路和商業模式才能發展壯大的。

一九九九年，當全世界都在做門戶網站的時候，馬雲卻突然蹦出一個想法：亞洲要有自己的模式，中國要有自己的模式。歐美的電子商務市場，特別是B2B模式是針對大企業的，亞洲的電子商務市場主要在中小型企業，這兩種市場不可能用一樣的模式。馬雲決定創辦一種中國沒

有、美國也找不到的模式。於是，阿里巴巴網站應運而生。

一傳十，十傳百，阿里巴巴網站在商業圈中聲名鵲起。但馬雲知道，阿里巴巴正面臨著一個巨大的戰略選擇。國內的電子商務尚不成熟，只有利用發達國家已深入人心的電子商務觀念，爲外貿服務，才是真正利潤豐厚的大魚。於是，阿里巴巴開設了「中國供應商」專區，把中國大量的中小型出口加工企業的供貨資訊，以會員形式免費向全球發佈。

一九九九年至二〇〇〇年，馬雲不斷實施著他的戰略行動，他就像一隻大鳥一樣不停在空中飛行。他參加了全球各地尤其是發達國家的所有商業論壇，發表了瘋狂的演講，用他那張天才的嘴宣傳他全球首創的Ｂ２Ｂ思想，宣傳阿里巴巴。很快，馬雲和阿里巴巴便在歐美名聲日隆，來自國外的點擊率和會員也呈爆增之勢！一個想買一千支羽毛球拍的美國人可以在阿里巴巴上找到十幾家中國供應商，瞭解他們不同的價格和合同條款；位於中國西藏和非洲迦納的用戶，可以在阿里巴巴網站上走到一起，成交一筆只有在互聯網時代才可想像的生意！

從此，阿里巴巴開始被業界公認爲全球最優秀的Ｂ２Ｂ網站。馬雲開創的爲商人與商人之間實現電子商務提供服務的模式，被認爲是符合亞洲，尤其符合中國發展特點的Ｂ２Ｂ模式，並被譽爲是繼雅虎門戶網站模式、亞馬遜Ｂ２Ｃ模式和eBay的Ｃ２Ｃ模式之後，互聯網的第四種模式。

做企業，若一開始就模仿別人的成功模式，或許在初期感覺不到它的弊端，但從長遠來看，競爭力量的介入會使競爭壓力加劇，沒有自己的經營模式，也就意味著沒有和眾多同行抗衡的優勢。

在全球化形勢下，挑戰與機遇並存。就機遇而言，市場上商機無限，但商機已然不可重複。所以，創業者不能過分迷信所謂的「成功模式」、「成熟模式」，必須從國情出發，從自身所處的環境出發，眼觀六路，耳聽八方，不斷地思考、提煉、篩選。這是一個探索的過程，需要有置之死地而後生的勇氣，但唯有如此才能真正摸索出一套屬於自己的模式，實現「鳳凰涅槃」的美麗神話。

在探索馬雲的成功模式時，我們總能從無數個「偶然」中尋找到一些「必然」的痕跡：他沒有「海歸」的耀眼光環，卻有著深厚的海外文化積澱，並且，他的口才和英文都是一流的；他從小成長於「草根」階層，對中國的國情有著深刻理解；在北京的時候，明明發展得很好，卻在眾人的反對聲中執意跑回他土生土長的浙江，這裏是中國最龐大的民營企業集中地，在這裏，他的「土鱉」智慧可以得到充分施展。其實，馬雲並不比別人更懂「滑鼠」，他只是更理解「水泥」，更理解中國的用人之道。儘管他的商業模式在美國、歐洲都找不到現成的榜樣，卻實實在在地生長在中國這塊古老的土地上。

他認爲，在商業做法上盲目模仿一些成功的企業，或者效仿大公司，這是不少創業者都容易犯的一個錯誤。適合大公司的商業模式未必對小公司也有效，若使用不當，很可能會成爲初創公司的災難。

因此，他一再告誡那些有意創業或正在創業的人們，創業不僅不能盲目模仿大公司的做事方法，更切忌抄襲其商業模式。那些知名企業在成名之前是什麼樣的？他們是怎樣積聚自己的能量，才有了今天的成就？這些你都清楚嗎？簡單模仿它的現在，結果很可能會南轅北轍。只有踏踏實實，結合自己的創業環境、規模、優勢等來制定出一套屬於自己的商業模式才是最可取的。

2 阿里巴巴每天都是新的——在創新中求發展

馬雲周圍的朋友對馬雲有這樣的評價：「這個人如果三天沒有新主意，一定會難受得要死。」就連馬雲自己都說：「如果我失去了創造性的思維，那我這個人就一點價值也沒有了。」

由此可見，馬雲一直都非常重視創新。對於馬雲的創新精神，從阿里巴巴的發展過程中我們也可見一斑。當初，阿里巴巴剛成立時，這支年輕的團隊閉關六個月潛心製作，終於打造出了今天的阿里巴巴模式。阿里巴巴在沒有任何可以借鑒的對象的情況下橫空出世，震驚天下。其獨特的模式被名列美國十大著名院校的商學院研究，而且還被列入了哈佛大學商學院ＭＢＡ的教學案例。

阿里巴巴網站一啓動就實行會員制。剛開始時，會員數量增長得很慢，後來，ＥＤＩ的中國商品交易市場網上的很多會員聽說了阿里巴巴，便紛紛前來加入，會員數的增長也快了起來。最初馬雲提出了一年要有一萬個會員的目標，大家都覺得不可能實現。結果兩個月後，會員數就突破了兩萬。

就在國內大大小小的網站熱衷於買賣、拍賣，成交之聲不絕於耳時，阿里巴巴仍然堅持只給會員提供免費的資訊交流和產品展示。

阿里巴巴網站的會員都可以通過網上的簡單操作在阿里巴巴建立自己的私人「樣品屋」，陳列展示他的樣品圖文資訊，並擁有自己的獨立網址，而且所有的服務都是免費的；每一條資訊都會由網站編輯人員進行仔細的檢查整理，並在十二小時內發表。

另一方面，會員可以在阿里巴巴獲得他們想要的資訊。只要註冊成爲會員，就可以免費享有阿里巴巴網站的資訊資源，這些來自全球範圍的最新買、賣、合作資訊涵蓋了三十二個行業的七百多項產品，用戶可以通過產品的關鍵字、買賣類型等多種方式進行檢索。

然而，由於以上所做的一切都是免費的，因此大家的質疑聲不絕於耳。可馬雲對於怎麼去賺錢的問題卻有著自己的一套想法：「我不希望只完成了百分之十至十五的工作，我們就想我們需要賺錢，這是不對的。我覺得要從中滾出錢來，方法很多，但時間還沒到。等到這個網站有五百萬個會員的時候，還有什麼錢是賺不到的？」

在做淘寶的時候，馬雲依然實行免費政策，馬雲說：「淘寶收費需要有一點創新的辦法，我認爲，所有模仿的東西都不會超出自己的期望，Google能達到超乎人們期望的高度就是因爲他們的創新，而全球最大的門戶網站雅虎也是自己創新出來的。」

二〇〇〇年七月廿九日，馬雲去香港出差，一位記者發現馬雲喜歡金庸小說，就爲馬雲和金庸安排了一次會面。從此，兩人成了忘年交。

當時，中國互聯網的CEO都在「打架」。一方面爲了協調CEO之間的關係，再者也不排除他是故意炒作，馬雲冒出這樣一個想法，他決定邀請金庸和新浪、搜狐、網易、八八四八的掌門人一起搞個西湖論劍。

第一次西湖論劍之前，三大網站、三大掌門人的說法是有的，但並無五大網站、五大掌門人之說。而西湖論劍之後，五大網站和五大掌門人自然也就被業界和社會所接受了，雖然阿里巴巴當時的實力與那三大網站相差不少。由此可見，西湖論劍的成功是不言而喻的。

二〇〇七年，中國互聯網又突然躥出個阿里媽媽。它上線僅一百天就成了中國最大的網路廣告交易平臺，運營成績超過多年老牌聯盟。人們終於從它身上瞭解到馬雲爲什麼這樣受人尊敬。這個曾經號稱「智慧與長相成反比」的男人，數年精心佈局終於成就了今日的一番大業。

通過以上事例，我們不難理解馬雲爲何一直堅持「互聯網能夠發展到今天，離不開技術，沒有技術創新的互聯網一切都是空話」的說法。他說：「在阿里巴巴公司內部，我們沒有把技術人員放在第一線，但是在我們的心裏，技術人員永遠是我們公司最重要的資源。我堅信一點，在未來的五到十年內，中國一定會成爲擁有最大互聯網市場的國家。」

除了馬雲認爲真正的互聯網公司必須具有強大的技術，在阿里巴巴任首席技術官的吳炯也說，是技術引領了商業模式。他說：「互聯網的出現，把一切都打亂了。過去業內對互聯網的看法就如當年對軟體企業的評價一樣，普遍認為尖端技術對於互聯網企業而言毫無價值。但Google的成功案例使人們猛然發現，實際上在互聯網產業，發展技術是如此重要。憑藉技術的優勢，能夠在行業裏樹起最大的技術壁壘，可以獲得產業中最有價值的利益鏈條，技術已經改變了原有的產業鏈條。」

從資訊流到物流再到現金流，阿里巴巴靠著馬雲及其團隊的智慧，一步步打通了阻礙騰飛的任督二脈，開始向著更高的天空飛翔。它與銀行合作，推出了面向中小企業主和個體戶的小額貸款，破解了融資難的堅冰。這次史無前例的創新，其影響是深遠的，意義是重大的。它讓中國線民認識到，網路信用一樣可以轉化為銀行信用，信用是一個人立身於社會的根本。

有些創業者，不是沒有創新的頭腦，也不是沒有創新的想法，但由於不敢面對創新可能導致的失敗，便遲遲不肯執行。而馬雲卻說：「對我自己來說，我要得到的是經驗，去嘗試本身就是一種成功。哪怕我失敗了，也是一種成功。以後我再回去當老師的時候，這是我可以跟學生分享的東西。我成功過，失敗過，經歷過，這些是我覺得最有意義的東西。」

3 技術創新不要太聰明

通過技術創新提高技術水準，是任何企業增強市場競爭力的重要途徑。

然而，有些搞技術的創業者，他們動不動就做一些讓人雲裏霧裏的技術創新，然後以此爲藉口，加大產品的利潤空間。但顧客不是傻子，你這樣做，即使顧客一開始會相信你，可當他無法從這種增值的產品中得到同樣增值的實用價值的時候，便會慢慢放棄使用。

另外，還有些把創業的重心放在技術上的人，從一開始就大搞特搞技術，到最後，錢沒少投資，做出來的產品卻不被市場接受。自以爲自己是技術人員，於是把一些技術創新弄得「高深莫測」，讓人雲裏霧裏，最終也不知道這技術創新到底好在哪裡，它所體現的實用價值在哪裡？

雖然說，技術創新是企業創新的主要內容。但馬雲還是建議大家：技術創新不要太聰明。當然這裏的聰明指的是一些小聰明，或者光把技術放在首位，而忽略了其他。

一個創業者要想創業成功，首先要考慮市場，沒有市場你的技術再先進也沒有用。而當你瞭解了市場的需求後再去投資技術，成功的機率就會大很多。當然，瞭解市場不是單憑自己主觀的想像，一定要做出合理、詳細的分析和調查才是最可行的。

另外，比技術更重要的是實踐、思想和價值觀。馬雲說：「不是技術天才並不可怕。如果你是從現實中汲取養分的思想家，對於你的競爭對手來說，你就是可怕的。」

當初接觸互聯網的時候，馬雲並不懂得互聯網技術，那個時候，創造Google的兩個矽谷小子和創辦百度的李彥宏給搜索引擎行業打上了一個標籤：搜索引擎是技術天才玩的遊戲。而馬雲卻偏要改寫這個標籤。

馬雲說：「我才不在乎技術好不好，我馬雲的技術要創新，但技術創新是為客戶服務的。就像支付寶，沒什麼技術創新，土，但是管用！今天來看，技術創新不是一夜之間完成的。其實Google的技術創新不見得比雅虎好多少，只不過它專注，一直做搜索做到底，雅虎則做門戶、多媒體去了。我今天也是這樣，我做一個旺旺出來看看，是土，沒關係，我慢慢完善。完善以後就成了我『身體』裏的一塊骨頭，儘管不漂亮，但它就是我的骨頭。」

說到底，技術只是工具，是實現想法的手段。而有沒有想法，你的想法有多遠，才是制勝的關鍵。

4 最優秀的模式往往是最簡單的

模式對於創業者來說，意味著賺錢的途徑。有些人認爲，賺錢的途徑越多越好，越沒人能模仿越有競爭力，所以很多剛剛涉足商海的人，拿著一套連自己都說不明白的方案，到處去遊說風險投資商。

的確，社會需要創新，需要新事物。但有些人卻走入了創新的誤區，他們認爲，有些東西，別人越是看不懂、聽不明白，或者自己也說不清道不明，就越是好東西。

「以新媒體技術和新商業模式重新整合影視生產發行產業鏈，將投資風險和壟斷利潤合理分配到各環節，使得收益和風險匹配，從而使中國歷史文化資源和影視生產要素得到有效的利用。」這是參加《贏在中國》的選手林天強對於電影推出的創新模式。

在介紹他的新電影模式的時候他說：「電影是藝術，但是它是技術引導的藝術；電影是商業，是技術引導的商業；電影是政治，它是技術傳播的意識形態。我們新電影要改變傳統的產業鏈，不能讓電影成為隨機拍腦袋的東西，成為流程。很多有創意的很聰明的線民以及受過高等教育喜歡電影的人都願意參與到電影策劃當中來。我在網上建立了新電影超市，我們有一個數字版權線上直銷或者線上分銷。比如說新拍的電影，現在我有一個片花可以下載下來，別人一看說我得看一看，這時旁邊會出來一個圖示，一點圖示通過UTP就可以購票，這樣就可以馬上實現銷售，取得收入。不僅有電影票，還有遊戲點卡、音碟、書等等。」

對於如何賺錢、賺誰的錢等，馬雲並不能從他所說明的模式中找到答案。

這時，林天強卻說：「你現在沒有完全看明白這種商業模式，我感到很慶幸，你要是能模仿我就覺得很危險了。」

馬雲說：「就因為我聽不懂，你就覺得是好模式。」

林天強說：「我能做到就可以了。」

結束了上述對話，馬雲給出了這樣的評價：

「我覺得林天強犯了一個大忌，你的模式說不清楚，你只是說你也不知道，但是你一定能做出來，我碰到過很多人這樣說。這個是很忌諱的，你一定要講清楚，最優秀的模式往往是最簡單的東西。

「尤其在初創時期，尋求單一、簡單的模式很重要。我們最怕一個人說我有雞，會生蛋，這雞說不定會變成奧斯卡的金牌雞，結果越說越懸，越跑越遠。我們的建議是：你的模式要單一、簡單、能說清楚，不要怕單一會被別人拷貝，別人不一定像你一樣特別想把這件事情做出來。優秀的公司模式都是單一的，複雜的模式往往會有問題，尤其是初創期。我非常看好電影這個行業的前景，現在整個中國的電影市場有三十幾個億，跟中國經濟增長一樣是有很大的前景和發展空間的。」

縱觀那些理論一套一套的策劃大師們，也常常犯同樣的錯誤。一個簡單的東西，非要弄得錯綜複雜，模型、理論、工具、架構，弄出一大堆東西，還美其名曰「系統化」。經常看到這樣的案例，某某公司請諮詢機構做了一個全面營運解決方案，諮詢報告有理有據、邏輯嚴謹、結構分明、工具先進、資料精確，厚厚的好幾筐，非常完美，非常讓人信服：原來一個公司的營運模式可以如此的高深、如此的博大。但無一例外，這套先進科學的系統往往會被束之高閣或珍藏於檔櫃中。爲什麼?答曰：執行不了，主觀上想執行，客觀上無法執行下去。

一個優秀模式的價值在哪裡呢?它不在於表面上的高深、複雜，而在於實踐、在於應用。什麼模式能夠持續地實踐應用?簡單的東西!越簡單的東西越能持續地實踐應用。

馬雲說：「我想像中的模式應該是非常自然的，應該像自來水一樣。」不錯，阿里巴巴最初只是想著：我要做一個BBS，讓客戶在上面可以自由留言。沒有系統，沒有方案，但是他成功了。於是，他總結出這樣一句話：最優秀的模式往往是最簡單的模式。無論行銷模式、管理模式還是經營模式，越簡單、直觀，越能被企業青睞，也更容易爲其帶來收益。

5 聽說過捕龍蝦富的，沒聽說過捕鯨富的

一些創業人士，在最初定位市場和經營模式的時候，總是以其他成功企業爲榜樣，並極力效仿。當然，不能說這種做法不對，但是，如果自己不分析，只是盲目地相信大多數，跟在別人屁股後面分蛋糕，這樣的生意做起來一定很累。

而馬雲的成功之路告訴我們，有時候，別出心裁的做法更容易讓企業走向成功。當互聯網剛剛在中國起步的時候，大家爭相模仿國外的模式，做大企業、大公司的生意。而這個時候，馬雲卻沒按規則出牌，他把目標定在了別人都不看好的百分之八十五的中小企業身上。他說：「我聽說過捕龍蝦富的，沒聽說過捕鯨富的。」

「國外的B2B都是以大企業爲主，我則以中小企業爲主。鯨魚有油水，資金、人力、技術都很充足，像Commerce One、Ariba這樣的歐美公司來到中國，他們的目標是找鯨魚。可是中國沒有多少鯨魚，即便爲數不多的那幾條鯨魚裏，還有些是不健康的，存在貿易流程不一樣、資訊化程度低等問題。」

另外，他還認爲，如果把企業也分成富人和窮人，那麼互聯網就是窮人的世界。因爲大企業有自己專門的資訊管道，有巨額廣告費，小企業則什麼都沒有，他們才是最需要互聯網的人。而

馬雲就是要領導窮人起來「鬧革命」。

馬雲的創新模式得益於他對中國中小企業的瞭解和他的創業團隊自身的成長經驗。他說：「亞洲是最大的出口基地，我們以出口爲目標。幫助中國企業出口、幫助全國中小企業出口是我們的方向。我們必須圍繞企業對企業的電子商務。無論是在做『中國黃頁』的時候還是在外經貿部做客戶宣傳的時候，會見一個國有企業的領導要談十三次才能說服他，而在浙江一帶的中小企業去三趟就可以了。這讓我相信：中小企業的電子商務更有希望、更好做。我從新加坡回來後就決定：電子商務要爲中國中小企業服務。這是阿里巴巴最早的想法。」

馬雲對中小企業進行了詳細的調查，他發現，中小企業的老闆頭腦精明、生命力強、想法務實，「他們才不管你什麼戰略不戰略，能讓他賺更多錢的東西他就會用」。

他說：「我們是異軍突起後，就成爲全世界Ｂ２Ｂ領域裏的第一位的，無論訪問量還是客戶數量都是第一位，原因很簡單，美國都是爲大企業服務的，在我想來要爲大企業服務是很難的。第一，等到他搞清楚怎麼做的時候，他往往會自己做，他會把你甩了。第二，美國的電子商務都是爲大企業省錢，我覺得中國要爲中小企業服務，因爲中國的中小企業很多，他們最需要幫助。就像你可以造別墅，但客戶群是有限的，但當你造很多公寓的時候，就會有很多人願意住。所以我造公寓，爲中小企業服務，對於中小企業，你不能去想辦法幫他省錢，因爲他的錢已經省到骨頭上面了。爲中小企業服務的思路是幫助他們賺錢，讓他們通過我們的網路發財。」

然而，企業的目標定位了，接下來就是做市場。面對目前這個無比巨大的電子商務市場，如何打造獨特的B2B企業平臺，吸引更多的中小企業加入，成了馬雲思考的首要問題。

阿里巴巴從產品推廣管道、買家數目和買家資訊、市場定位、價格優勢和專業優勢等多方面，打造了屬於自己的經營之道，最終領跑在網路帝國的世界中。

「一九九九年，中國申請加入WTO失敗的時候，正是我們在杭州湖畔花園創業的時候。消息傳來，我們大家都不免有些失落，雖然還沒看到未來的贏利可能會在哪裡，但就我們這群人對外貿的熟悉程度和從阿里巴巴上最為活躍的商人群落都是外貿企業來看，這樣一個消息無論如何都不是好消息。但是馬雲卻對中國『入世』十分樂觀，他告訴我們中國入世只不過是個時間問題，就像阿里巴巴的成長也只不過是時間問題一樣。」阿里巴巴的一位創業元老如是說。

馬雲的分析無疑是對的。中國是一個巨大的市場，世界需要中國，中國也需要世界。中國很快於二〇〇一年加入世貿組織。勞動密集型產業的發達使中國成為世界工廠，一時間「中國製造」風靡全球。

亞洲的獨特模式以及發展中國家的獨特模式都是以中小企業為主的B2B模式。馬雲正是看中了這一塊，他覺得，中小企業特別適合亞洲和發展中國家。發達國家是講資金、講規模，而發展中國家在資訊時代不是講規模而是講靈活度，以量取勝，所以我們稱之為「螞蟻大軍」。阿里巴巴每年的續簽率達到百分之七十五，要知道，中小企業的死亡率高達百分之十五，他們續簽首先說明他們已經存活了下來。

「讓別人去跟著鯨魚跑吧。」馬雲說，「我們只需要抓些小蝦米。我們很快就會聚攏五十萬個進出口商，我怎麼可能從他們身上分文不得呢？」也正是在馬雲這樣的領導人的英明決策之下，阿里巴巴才最終取得了今天的成就。

6 迎接變化，多出新招

一個人，一旦踏入商業領域，就等於選擇了一種不安定的生活模式。因爲商業世界是個高速變化的世界，我們的產業在變，我們的環境在變，我們自己在變，我們的對手也在變……我們周圍的一切都在變化之中！

尤其在當前經濟全球化的大背景下，在商海裏遨遊的人們需要時刻保持一種「時不我待」的緊迫感，在變化多端的市場中，我們要始終保持一種「不進則退」的危機感。因此，我們要時時留意變化，在變化到來的時候直面變化，應對變化，並在變化中尋求創新。只有這樣，我們才能在商戰路上走得更穩、更遠。

曾經，在建立阿里巴巴的時候，不少電子商務公司都是面向大企業的。但馬雲預測，網路的普及可能就是大公司模式的終結。因爲在網路時代，一家公司要進入他國市場並不需要太多錢，網路的大量即時性資訊可以使中小企業獲得更多市場機會。

當其他人還沒有意識到互聯網這個動向的時候，馬雲就已經敏銳地捕捉到了這一變化。因此，馬雲把目標定位在了當時被人們忽略的中小企業身上。於是，就有了不同於當時任何電子商務模式的、專爲中小企業服務的「阿里巴巴」。

在二〇〇〇年的時候，馬雲再一次敏銳地捕捉到了危險的信號——互聯網的又一次變化。這一年，網路經濟泡沫破滅，國內外互聯網公司經營慘澹。

就在這一年，阿里巴巴完成了它的「中國供應商」項目。九月，馬雲向新聞界宣布：「今年，阿里巴巴一定要賺上一塊錢。」

定下了目標後，緊接著，馬雲又開始爲下一步做準備，他說：「去年（二〇〇〇年）我想，阿里巴巴要練招練劍，才能躲過互聯網嚴冬。現在，要考慮如何練了。新經濟的好處在於『新』，壞處也在於『新』。我覺得最早的阿里巴巴就像是梁山好漢一百零八將，現在要把游擊隊變成正規軍，陣法比招法更重要。」他還一度樂觀地說：「感謝互聯網低潮，剛好給了我們組織陣法的最好時間，三年的低迷，讓我們做了原來沒有做好的事情。」

馬雲相信，中國「入世」將改變世界經濟格局，全世界的工廠將雲集亞洲，而中國正是重中之重。因而在二〇〇〇年底，馬雲就把戰線拉回了國內，實施「全球眼光，當地制勝」的戰略，打出了「我來自中國」的招牌。

商場如戰場，其中充滿了變數。馬雲將這種激烈的市場競爭比喻成一場長跑比賽，既然是長跑，有直道有彎道。當變化來臨的時候，也就是企業處於「彎道」位置的時候，我們有機會超越別人，同樣也可能被別人超越。那麼一個企業如何才能成功實現彎道超越，在激烈的市場競爭中立於不敗之地？這幾乎是所有處在市場變化中的企業都面臨的難題之一。

事實上，這個時候，擺在我們面前的選擇只有一個，那就是不斷深化創新理念，堅持走創新發展的道路。通過創新努力打造企業的競爭新優勢，通過創新締造企業的核心競爭力，只有這樣我們才能抵禦市場風浪，度過危機時期的陣痛，才能在激烈的競爭中保持優勢，實現企業的持續發展。

在二〇〇四年九月阿里巴巴成立五周年時，馬雲宣布了公司戰略從「Meet at Alibaba」全面跨越到「Work at Alibaba」。馬雲爲這個轉型做的解釋是：

「『Meet』就是把客戶聚在一起，就像做水庫一樣，如果養魚，沒什麼意思；如果做旅遊，還要花費水電。所以，『Meet』的錢都是小錢；而『Work』則意味著要爲水庫鋪管道，把水送到家裏變成自來水，自來水廠賺的錢一定比水庫多。我就希望電子商務對每一個中小企業來說都能像擰自來水一樣方便。

「這次轉型主要是向更專業化的方向調整。我們認爲去年、今年和明年是電子商務的一個積累期，到二〇〇八年、二〇〇九年必然會有一個爆發。因此我們必須搶在這個變化前先變，而不是等到出了問題之後再去想辦法解決。這是阿里巴巴保持變革能力的關鍵。」

馬雲還說：「我們阿里巴巴在過去的七年裏和我本人近十年的創業經驗告訴我，懂得去瞭解變化、適應變化的人很容易成功，而真正的高手還在於製造變化，在變化來臨之前改變自己！」

因此，馬雲給那些有志創業的人們提出了這樣的忠告：面對各種無法控制的變化，真正的創業者必須懂得用主動和樂觀的心態去擁抱變化！當然，變化往往是痛苦的，但機會卻往往在適應變化的痛苦中獲得！

7 創新不是打敗對手，而是同明天競爭

很多人，剛開始創業時或許還會想著如何求生存，等到穩定下來後，便會想著如何打敗行業裏的對手。在這些人看來，一個企業能否發展到一個相對高的位置，就是看它是否打敗了和自己實力相當甚至跑在自己前面的對手。

對此，馬雲卻有著一套獨特的看法。他認爲，創新就是創造新的價值，不是要打敗對手，不是爲了獲得更大的名利，而是爲了社會、客戶、明天。「創新不是和對手競爭，而是跟明天競爭。」真正的創新一定要基於使命感，這樣才能持久地進行。

因此，在一九九九年，馬雲以一種新的B2B模式進軍互聯網的時候，直接說出了「要做一

個八十年的公司」的宣言。很多人都認爲，馬雲瘋了。因爲，在那之後緊接著就襲來了互聯網的冬天，阿里巴巴和其他許多還沒成熟的企業一樣，忍受著這股強冷空氣的襲擊。

三年下來，那些企業倒閉的倒閉，壯大的壯大，阿里巴巴從這眾多的企業中逐漸露出頭角，儼然成了一枝新秀。

就在這個時候，一直是中國國內Ｃ２Ｃ線上拍賣龍頭老大的eBay網實現了對易趣的完全控股。然而，當業界、媒體、大眾都還在爲兩「易」的合併而驚呼時，馬雲早已在另一個江南之都——杭州開始了另一番令所有人都意想不到的大作爲——馬雲正在秘密地製造另一個Ｃ２Ｃ網站，準備挑戰這個行業的霸主。二〇〇三年七月，馬雲帶領阿里巴巴團隊先後在杭州、上海、北京三地召開了「阿里巴巴投資淘寶新聞發佈會」，正式宣布：阿里巴巴投資一億元，進軍Ｃ２Ｃ領域。

當時，eBay併購易趣之後，很快就推行了收費政策，直奔贏利主題，而馬雲卻表示：已經準備了五年的資金來支援淘寶的免費政策。馬雲認爲，二〇〇五年前後的中國Ｃ２Ｃ市場不應涉及該不該收費的問題。因爲中國的Ｃ２Ｃ消費市場還非常不成熟，需要培育。

經過兩年的快速成長，淘寶出人意料地超越了eBay易趣，成爲國內最受歡迎的第一大Ｃ２Ｃ網站。

其實，戰勝eBay易趣是馬雲推行淘寶的結果，而非目的。馬雲一直非常堅定自己的立場，競爭的最大價值不是擊敗對手，而是發展自己。他說：「目前，我只關注淘寶如何更好地去培育市場、建設好我們的品牌、做好我們的服務，在未來三年裏爭取創造一百萬個鑽石賣家。」

隨後，爲了滿足中國電子商務的發展需要，爲了實現網路安全支付，阿里巴巴又特別推出了領先國內水準的獨立第三方支付平臺——支付寶。這無疑又引起了業界一次不小的轟動。

逆水行舟，不進則退，尤其是在變化多端的互聯網領域更是如此。

馬雲說：「阿里巴巴幾乎每天都要面對各種各樣的挑戰和變化……我以前總是強迫自己去笑著面對並立刻準備調整適應。而今天，我們不僅僅會樂觀地應對一切變化，而且還懂得了在事情變壞之前自己製造變化！就拿最近的熱門話題雅虎和eBay美國的合作來說，正是因爲看到了未來全球互聯網的競爭格局和如何使用戶和企業利益最大化的重要性，我本人也積極地宣導和參與推進了這次的合作。商場不是戰場，商場上只有對手沒有敵人。」

馬雲認爲，商場上沒有永遠的敵人也沒有永遠的朋友，大家都是爲了自己的明天不停地前進，而誰能超過誰並不是最終的目的，阿里巴巴的目的是做一個一〇二年的企業。馬雲說：「中國還沒有一個真正強大的互聯網公司。中國的互聯網人口基數達到兩億以後，在技術創新的情況下，中國會誕生世界級的互聯網公司。我們內部提出了一個目標：十年以內，希望世界上三大互聯網公司中有一家是我們的。我們希望憑藉自己的努力打進世界五百強，還要成爲世界最佳雇主。」

二〇〇七年十一月六日，馬雲攜阿里巴巴公司在香港上市。當日，阿里巴巴市值超過了兩百億美元。按照當日收盤價計算，馬雲身價接近一百四十億港幣。無數媒體的聚光燈瞬間投向了這個傳說中「中國最賺錢的」互聯網公司。

但是，馬雲的目光並未停留於此，這個永遠把目光投向更高、更遠的地方的創業者，必然會以另一個奇蹟向我們證明他的實力！

第二課

什麼才是值得你投資的好項目

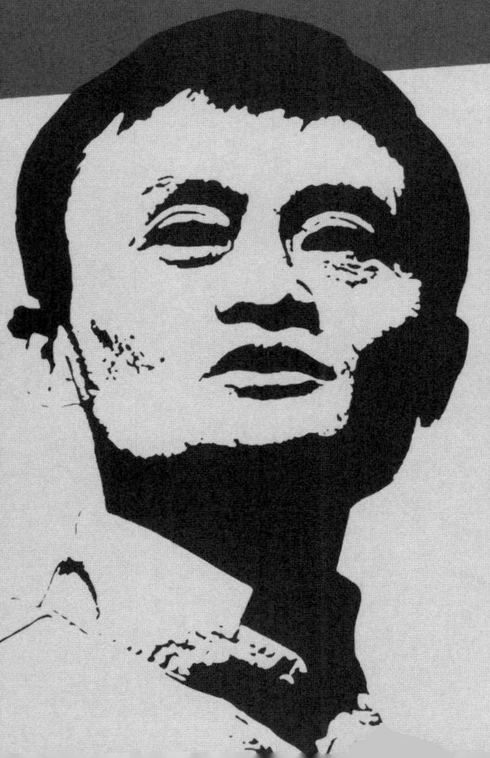

1 找最適合自己的而不是最賺錢的

很多準備創業的人，在最初選擇創業項目的時候都會遇到這樣的困擾：該選擇什麼行業呢？有些項目在當時看來確實比較賺錢，但是卻不一定有好的發展前景；而有些項目，或許目前並不被人們所看好，但市場前景卻非常廣闊。於是，有些人便陷入了兩難的境地。

一般來說，在選擇創業項目時，首先要結合自身實際情況和市場需求等多方面因素，對項目所屬行業、所處階段、發展前景，以及項目本身的優勢、存在的風險、競爭對手的情況等都做一個科學的分析，還要對項目進行可行性分析，千萬不要自以爲是，盲目上馬。只有這樣才能儘量減少創業的風險。

開創新事業，首先要注意這個事業是否有發展前途，因此創業者要多考察當地市場。除此之外，還要保證所發展的項目有直觀的利潤。有些項目雖然需求很大，但成本高、利潤低，忙活半天也只能賺個辛苦錢，如果是這樣，你就要謹慎選擇了。但有些滿懷壯志的創業者卻常常是剛愎自用、不明方向，盲目地堅持著自己所謂的理想。

那麼，我們來看看，馬雲是怎麼領導阿里巴巴成爲中國乃至全世界電子商務網站排頭兵的。

一九九七年，馬雲曾經在外經貿部中國國際電子商務中心工作過一段時間，那段時間的工作經歷使馬雲認識到：當今的亞洲，尤其是中國，是世界的加工廠，是製造業的中心。但是，雖然中國中小企業雲集，數量猶如過江之鯽，可他們在商業舞臺上一直是「弱勢群體」。

雖然眼前是巨大的國際和國內市場，但由於規模、資金、管道等因素的限制，這些中小企業無力進行市場推廣。因此，在以出口導向型經濟為主的亞洲，小出口商很難打開管道，拓展海外市場也十分費力，最後被一些大貿易公司扼住了咽喉。

馬雲不甘心讓中國的中小企業飽受被「施捨」、「盤剝」之苦，他要為中小企業找到出路。苦苦思索之後，馬雲想到了互聯網。他覺得，這些中小企業是最需要互聯網的。如果用互聯網為他們提供服務，他們就可以在世界範圍內尋找客户；只要通過互聯網，這些小公司就可以把它們的產品推廣到世界各個角落……馬雲找到了自己的方向，於是捨棄了自己在北京的事業，帶領團隊回到杭州，開始了阿里巴巴的創建之路。

一般來講，在選擇項目的時候，一定要選擇適合自己，並且是自己熟悉的，比如與自己的專業、經驗、興趣、特長以及自己的性格等能夠掛得上鉤的項目。每一個創業者都要正確認識自己的能力和實力，充分發揮自己的長處，只有選擇最適合自己的項目，才能在激烈的競爭中站住腳。

另外，一定要從實際出發，不可貪大求全。比如，在瞄準某個項目後最好適量介入，以較少的投資來瞭解、認識市場，等到認爲有把握時，再加大投入，放手一搏。

最後，儘量選擇潛力較大的項目來發展。選擇項目時不要人云亦云，只挑那些目前最流行、最賺錢的行業，甚至在沒有經過任何評估的情況下就一頭栽入。要知道，流行的行業市場往往已接近飽和，競爭非常激烈，市場淘汰率極高，就算還有一點空間，也不會有太好的前景。

2 善於發現商機

馬雲曾經說過一句話：「既然我馬雲能夠成功，那麼百分之八十的年輕人也能夠成功！」可爲什麼那麼多人沒有成功呢？除了具備創業激情和能吃苦的精神，馬雲的成功還在於他眼光獨到，是一個善於發現商機的人。

馬雲出生在浙江杭州。那裏是中國經濟最成熟的長三角經濟圈，有著中國最為龐大的從事外貿業務的中小企業群，是中國民營經濟最活躍的地方。

作為土生土長的杭州人，馬雲對於中小企業的需求有著最為深刻的體會：購銷資訊的缺乏、產購資訊的不對稱，以及國際業務和轉口貿易的成本偏高，都是讓這些中小企業主十分頭疼而又一直沒辦法解決的問題。

馬雲從這裏看到了商機：中小企業使用電子商務將會是未來的一種趨勢。馬雲堅信：「互聯網對於發展中國家是機遇，對中小企業也是機遇，互聯網是以快打慢，以小博大。競爭會迫使更多的企業使用互聯網。不上網的企業，會老不會大。」

於是馬雲毅然放棄自己在北京已經穩定的事業基礎，回到杭州，建立了阿里巴巴，最終大獲成功。

馬雲的成功經歷告訴我們，一個人的成功並不是偶然，而恰恰是他那獨特的獵犬式的眼光和遠見促成了他的最終成功。

現實世界裏，人們做生意肯定要和講信譽的人做才能夠放心。但是在互聯網上，誰又知道和自己在阿里巴巴上談生意的是個什麼樣的人呢？這又怎麼能夠讓人信服呢？

而馬雲卻又從中看到了機會。馬雲要讓互聯網的商業世界和現實中的商業世界沒有區別，都是真實可信的。

二〇〇一年，馬雲推出「誠信通」。它的誕生宣告了網上信用時代的到來——這是全球第一款互動式網上信用管理體系。

有人說，馬雲你創業的時候環境和機會都比我們好，你運氣好，所以你成功了，但我們就沒這個機會了。其實，這不過是一個藉口，這個世界時時刻刻都在給你機會，只看你能否抓住。當初微軟做起來的時候，人們都說沒人能超越微軟，後來卻出現了雅虎；人們說沒人能超越雅虎了，後來又出現了eBay；人們覺得eBay已經很了不起了，但又出現了谷歌；當人們覺得谷歌已經像太陽一樣無法被超越的時候，現在又出現了Facebook。

事實上，世界上許多事物中都隱含著一些決定未來的玄機，經商也是如此。在創業之時，如果能夠對市場走向保持一份靈敏的悟性，培養一種靈動的觸覺，就可以更好地分析市場、投入市場，最終贏得市場。

著名的管理大師彼得•德魯克將創業者定義爲那些能夠「尋找變化，並積極反應，把它當作機會充分利用起來的人」。的確，能夠發現獨特的創業機會是成功創業者所必須具備的一項特質，也是成功創業的起點，在某種意義上，發現創業機會也就意味著創業已經成功了一半。

然而，發現創業機會並不是一件容易的事情，不過其中也有一定的規律可循。市場機遇的捕捉包含著觀念的確立、獨具慧眼的創意、正反思維的交替以及新技術的應用等，掌握了這些，你就會發現機會無處不在。

3 搶先對手一步發現好項目

有人說，如果說資金與資源是工業社會最重要的競爭要素，那麼時間優勢則是資訊時代最強大的競爭戰略武器。的確，在現今社會，參與創業的人不斷增加，如果你選好了一個項目卻不趕緊行動，就會被對手先行一步，而你的成功機會也會因此大打折扣。

抓住商機對於創業者來說很重要，那是決定創業者成敗的關鍵所在。那麼什麼是商機？並不是等到所有人都聽到了發令槍響才是商機，用馬雲的話說：「如果時機成熟，就輪不到我來做了！」相反，恰恰是大部分人都還處在「看不到」、「看不清」、「看不懂」的時候才是最好的商機。

在馬雲創立阿里巴巴的時候，很多人都不相信一個見不到人的平臺能給人們帶來機會和誠信。然而就在這時，馬雲推出了「誠信通」，這不僅解決了當時人們都在擔心的問題，也使中國進入一個新的網路交易時代。

人們常說，弱者等待時機，強者創造時機。尤其是在這樣一個資訊時代，對於創業者來說，時機就是商機，商機就意味著成功。

就拿大家都熟悉的諾基亞來說，它能夠多年來一直保持手機行業龍頭老大的地位，與其快速的技術創新能力密不可分。諾基亞認爲，要在激烈的市場競爭中生存下去，就要永遠走在別人前面，永遠比別人快一步是唯一的途徑。諾基亞不斷加快新品開發速度，並承諾每年都將拿出總營業額的百分之九用於研發新產品。目前，其新機型平均開發週期縮短到不足三十五天，而業界的平均水準是半年甚至更長。

與之相反，在中國手機市場變化越來越快，各大手機廠商紛紛加快新機推出速度的時候，東芝手機推出新品的速度明顯太過緩慢，而這種緩慢使東芝手機錯失了許多市場機會——儘管東芝在中國最先推出低溫多晶矽手機螢幕、最先配備CCD攝像鏡頭、最先實現手機的視頻拍攝功能，但高品質的產品根本挽救不了企業失去時間優勢所造成的被動局面，最後只能被淘汰出局。

要知道，今天的商戰規則已經不再是大魚吃小魚，而是快魚吃慢魚，在以互聯網爲代表的新經濟時代則更是如此。要想抓住商機，就要在思想和行動上作好準備，主要有以下幾點：

第一，**擁有先入為主的時間觀念**。

對於創業者來說，時間就是金錢，時間就是財富，因此要牢牢樹立起「時間就是商機」的觀念，做到以快取勝，創造時間效益，不輕易放過任何機遇，這樣才能夠及時捕捉到市場機遇。

正如馬雲所說的：「做互聯網就好像衝浪，機會稍縱即逝，不能等浪夠高的時候再衝，要隨浪而高、隨風而變。」

其實，無論在哪個行業都是如此，如果創業者沒有一種先入爲主的競爭激情，最終都會在競爭激烈的商戰中被淘汰出局。現代企業以市場需求爲核心，而市場又是瞬息萬變的。因此只有抓住機遇，爭取時間，才能因勢利導，化險爲夷，在競爭中取勝。

第二，**擁有超前的資訊觀念**。

企業必須以重視資訊、充分利用資訊爲指導思想。市場訊息是關於市場狀況的消息和情報，是現代企業進行市場活動的重要資源。企業的一切活動，從戰略方向的確定到目標市場的選擇，從產品設計到產品售後服務，都要以資訊爲先導和依據。資訊的這些作用無疑決定了資訊觀念的重要地位。資訊是管理者的耳目，要捕捉到市場機遇，就必須能掌握來自各方的資訊，知己知彼，方能取勝。

第三，**擁有合理的效率觀念**。

在現代市場活動中，「快」是一大特點。市場機遇來得快，消失得也快，消費者的需求變化也快，競爭對手崛起也快，這些都要求企業能做到資訊快、決策快、行銷快，歸根到底就是要求企業效率高。高效率能減少勞動的支出，降低成本，爲實施廉價策略創造條件。樹立起效率觀念，就能以快動作、低成本、高收益來捕捉到市場機遇，掌握主動權。

第四，**擁有不屈不撓的競爭觀念**。

要捕捉到市場機遇，就必須積極參與市場競爭，在市場上爭客戶、爭品質、爭效益。競爭的規律是市場經濟發展的必然規律和客觀要求。

第五，**擁有承擔風險的心理素質**。

創業者必須以敢於承擔風險、善於避開風險、減少風險、分散消除風險、化風險爲機遇爲指導思想，才能夠做到敢爲人先，領先於人。

思科CEO錢伯斯在他的一篇《速度制勝論》中說：「我們已經進入了一個全新的競爭時代，在新的競爭法則下，大公司不一定能打敗小公司，但是快的一定會打敗慢的——你不必佔有大量資金，因爲哪裡有機會，資本就會很快在哪裡重新組合。速度會轉換爲市場份額、利潤率和經驗。」

正如錢伯斯所言，隨著互聯網的不斷發展與深化，市場競爭已進入了一個全新的時代。企業過去贏得競爭靠的是成本、品質、技術、管道等，但現在，這一切都已不再是唯一的優勢。創業者唯有搶佔先機，快速行動，才能立於不敗之地。

4 標新立異，永遠不做大多數

古人曾經總結過做生意的十二字訣，「人無我有，人有我優，人優我特」。馬雲也認爲，做生意「做小了，就一定要做到獨特」，亦步亦趨，永遠跟在別人的後面是做生意最忌諱的。創業者要想財源滾滾，首先必須標新立異，吸引住顧客。靠什麼吸引顧客呢？靠獨特的經營個性和手法，靠商品的新奇與稀有。而且，馬雲創立阿里巴巴電子商務網站的經歷也充分證實了這一點。

一九九九年是互聯網的春天。那時候，一個月之內有數以千計的互聯網公司出現。馮小剛的賀歲片《大腕》中有一句經典臺詞可以精確地描繪出當時互聯網的火熱場面：「你花錢去建一個網站，把所有花的錢後面加一個零，這就直接出售給下家了。」

但是，當時大部分網站的模式都和新浪、搜狐差不多。而馬雲並不認同這種模式：眾多的中小企業主都是文化程度不高的人，如果用門戶網站，會影響他們的使用。

馬雲心中已經決定在電子商務領域做一番事業，也明確了自己的服務對象，這些戰略性的問題已經確定了下來，只是還沒有確定怎麼操作和運營。

辭去北京的工作，準備回杭州的時候，為了臨走之前留下點紀念，馬雲和自己的團隊一起去遊覽長城。在長城上，馬雲看到許多「某某到此一遊」之類的話語。這些留言觸發了馬雲的靈感。於是，馬雲決定採取ＢＢＳ的模式，把阿里巴巴辦成一個「網上集貿市場」，雖不美觀但很實用。

事實證明，馬雲的決定沒有錯。幾年後，阿里巴巴不但無人不知無人不曉，而且還一直領跑在網路世界中，繼續著一個又一個的商業神話！

日本企業界曾提出過這樣一句口號：「做別人不做的事。」也就是說，創業開店做生意，要尋找冷門，獨闢蹊徑。馬雲也說：「一個項目、一個想法如果不夠獨特的話，是很難吸引別人的。」

的確，在這個資訊氾濫、商店林立、充滿著競爭與挑戰的時代，所有創業者都有「如今生意難做、錢難賺」的感覺。但生意越難做，就越有人會賺錢，因爲他們總能棋高一著，靠自己獨具匠心的產品和服務吸引顧客的眼球。鑽冷門，鑽空檔，經營的產品要越新越好、越獨越好，這是做生意的最大智慧。如果你的產品或服務屬於行業中的獨家，那麼你的生意就沒有做不成功的道理！

創業是一個相對很複雜的過程，更是一個新穎的、創新的、靈活的、有活力的過程。所以，要想創業成功就不能一成不變地沿用別人的路子，照搬別人的思想，否則只能導致失敗。

5 從小處著手，小商品同樣能做成大生意

一提到創業，很多人都會覺得非要投資少則幾十萬，多則上百萬，甚至上千萬才能起步。然而，世界上卻有很多富翁是從身無分文到身家千萬，甚至上億的。爲什麼呢？原因之一就是他們

看得起小事，從「小」做起。

就拿我們都熟知的麥當勞來說，在很多人看來，它是一個遍佈世界各國、舉世聞名的大型連鎖餐飲店，而我們誰曾想到，麥當勞創始人雷・克羅克最初是以賣檸檬水爲生的小本生意人呢？

所以，對於那些剛剛加入創業行列的人們而言，如果一時沒有錢或是本錢少，根本無力從事一些諸如汽車、鋼鐵、石油等需要大規模投資的行業，那就從身邊的小生意做起，逐步發展壯大，這也不失爲一條良策。只要經營有方，再小的生意也同樣能夠做大做強。

當年，幾乎所有的互聯網電子商務都把目標定在大企業、大公司的身上時，馬雲卻說：「讓別人去跟著鯨魚跑吧，我們只要抓些小蝦米就行了。我們很快就會聚攏五十萬個進出口商，怎麼可能從他們身上分文不得呢？」

一九九九年初，開闊了視野的馬雲返回杭州，進行二次創業，他決定介入電子商務領域。

由於深知中小企業的困境，他毅然決定「棄鯨魚而抓蝦米，放棄那百分之十五的大企業，只做百分之八十五中小企業的生意」。

「如果把企業也分成富人和窮人，那麼互聯網就是窮人的世界。因爲大企業有自己專門的資訊管道，有巨額廣告費，小企業卻什麼都沒有，他們才是最需要互聯網的人。」馬雲立志成爲幫中小企業敲開財富之門的引路人，他要做的事就是提供一個平臺，將全球中小企業的進出口資訊彙集起來。

就這樣，一九九九年九月，馬雲的阿里巴巴網站橫空出世。

創業之道猶如做人之道：「莫以善小而不爲，莫以惡小而爲之。」「西瓜」雖大，但競爭對手多並且強大，很難搶到手；「芝麻」雖小，但競爭也相對沒那麼激烈。因此，只要你鍥而不捨就能打開致富之門。創業者應該記住這麼兩句話：積土成山，風雨興焉；積水成淵，蛟龍生焉。

世界聞名的大企業家、摩托車大王本田宗一郎曾說：「先有一個小目標，向它挑戰，把它解決之後，再集中全力向大一點的目標挑戰。把它完全征服之後，再建立更大的目標，然後向它展開強烈的攻擊。這樣苦苦搏鬥數十年，辛辛苦苦從山腳下一步一步堅實而穩定地攀登，我成爲了全世界的摩托車大王。」

翻一翻他們的創業史，通用電氣最初是靠做電燈泡起家的，而不是如今動輒成百上千萬的技術領域；本田最初是一家小小的摩托車維修部，而不是如今龐大的摩托車生產線；松下最初的主營商品是小小的電源插頭，而不是價值昂貴的電冰箱、彩電等大型家用電器。「海不辭水，故能成其大；山不辭土石，故能成其高」，創業者要想賺錢，在經商營利中，就要懂得從「小」做起。千萬不要看不起小生意，要善於積少成多，扎扎實實，埋頭苦幹，這樣才能創出一番可觀的事業。

所謂「大」有可爲，「小」同樣也有可爲。在商場上，創業者要腳踏實地，對準目標，一步一個臺階地向上攀爬。一口氣吃不成胖子，那種不顧自己的技術、資金、經濟等方面的狀況，不懂得「量體裁衣」，盲目地輕「小」貪「大」者，到頭來，往往是「西瓜」沒有抱住，「芝麻」也讓別人撿完了，落得個兩手空空的下場。

所以，對於那些沒有錢卻想創業的人來說，馬雲的「棄鯨魚抓蝦米」是再適合不過的創業途徑了。小公司、小行業、小產品，或者別人不去注意的小領域等都是不錯的創業選擇，它們經營靈活，應變力強。只要創業者能夠從繁雜的消費行爲中及時抓住消費苗頭，發明、生產、銷售出新穎別致、便利的小產品，去適應並創造出新的消費需求，便可進入寬闊的疆場，擁有無限的天地。

6 捕捉資訊，在資訊中尋找好項目

人們常說，時間就是金錢，其實在商界，除了時間，資訊也是金錢。創業者能否取得成功，往往取決於他捕捉資訊和運用資訊的能力。而回顧馬雲的創業經歷，我們更能夠充分證實資訊對於創業者的重要性。

一九九五年，馬雲下海創辦海博翻譯社。因為幫助杭州市政府和美國一家公司談高速公路的合作，在美國談生意的馬雲第一次接觸到了互聯網。

「Jack，這是Internet，你可以輸入任何字來查詢相關資訊。」西雅圖的教師朋友這樣對馬雲說。擔心把電腦弄壞的馬雲戰戰兢兢地輸入了beer（啤酒），結果出來一堆德國、美國啤酒的資料；他又輸入China（中國），卻顯示no data（查無資料）；馬雲又敲了一個Chinese history（中國歷史），於是雅虎頁面上出現了一段僅有五十字的簡單介紹。馬雲覺得這個很有意思，但怎麼會沒有中國的東西呢？於是馬雲就問朋友，你這個東西怎麼用？朋友告訴他說，做一個home page（主頁），你就可以把東西放到網上和搜索引擎中去了。

馬雲靈機一動，請朋友做了一個杭州海博翻譯社的網頁，結果短短三個小時內他就收到了六封電郵要求提供進一步資訊，這讓馬雲嗅到了網路的商機。

雖然不懂互聯網，也沒有喝過洋墨水，但此時的馬雲卻憑藉著自己對資訊的敏銳感知和當時身處美國的李彥宏、張朝陽同期感受到了互聯網的魅力，同時也幫他打開了電子商務的大門。

現在，我們身處資訊時代，資訊就是我們經商的基礎。所以，捕捉到資訊，就等於捕捉到了成功的機遇。事實上，在現實的商業活動中，像馬雲這樣通過資訊捕獲商機的成功者不勝枚舉。由此可見學會捕捉資訊對生意人的重要性。那該如何去捕捉資訊呢？

第一，**你要主動及時地捕捉資訊**。

你要養成主動捕捉資訊的習慣，也就是培養對資訊的敏銳觀察力，一旦有資訊出現，你就立刻捕捉並貯存起來。當然，你更要注意資訊的時效性，也就是及時地捕捉最新的資訊，因爲舊資訊往往已沒有了利用的價值，而一條新資訊則常常蘊藏著通往成功的機遇。

你可以從各種媒體上收集各類有用的最新資訊，比如報刊、廣播、電視、網路等，也可以做市場調查，還可以主動向別人探詢資訊。

第二，**你要有針對性地捕捉資訊**。

在不同的發展階段，你所需要的資訊的層次也會有所不同。根據你的需求，有側重地捕捉資訊，往往能帶來事半功倍的效果。

第三，**你要建立起自己的資訊網路**。

你必須知道從哪裡可以得到你所需要的資訊，對於得到的資訊要找誰證實。凡是同學、朋友、同事以及他們認識的人，都可以成爲你的資訊來源。只要你平時注意多與他們交往，把這些人融入到你的資訊網路中，你就得到了一筆可觀的無形資訊資產。

要建立自己的資訊網路，就不能把範圍僅局限於自己目前認識的人中，其他團體也會舉辦各種講習會、研討會或培訓班，你可以爭取參加這些活動的機會，從而獲取在公司內部捕捉不到的資訊。

第四，**讓資訊自動流向自己**。

一般來說，資訊往往會自動流向「有魅力的人」。他們懂得尊重別人，能夠體恤對方的立場和感情，並且給予善意的回應，對方也願意誠心與他們交往。太自私的人，一定會惹來別人的厭惡，自然無法從別人那裏收集到有用的資訊。

如果你想讓資訊自動流向你，你就要注意自己在任何場合的言行舉止。首先，你要經常保持微笑，不要在別人面前表現出不愉快或是厭惡的樣子；其次，你要謙虛，對別人提出的意見要誠心地接受，並由衷地感謝。

第五，**不要錯過「跟風」資訊**。

馬雲說：「創業者書讀得不多沒關係，就怕不在社會上讀書。」所以，我們要大量地從社會上搜集資訊。注意觀察你的周圍，觀察目前最熱門、最成功的行業、公司或產品，你就可能找到有用的資訊。比如，有人在T恤、禮品盒上印「史努比」的圖像，就使這些產品銷量大增。因此，你要時時留意這些時尚資訊，以便它們可以在時機成熟的時候爲你所用。

第六，**你要對資訊進行多角度分析**。

對於捕捉到的資訊，你要進行多角度的分析，辨清哪些是正確的，哪些是錯誤的，哪些是有用的，哪些是無用的，還要從平凡的事物中發現不平凡的內涵。日本的「尼西奇」公司之所以能由一個瀕臨破產的小公司成爲譽滿全球的「尿布大王」，就是因爲該公司董事長從一份人口普查資料上看到了全國每年出生兩百五十萬嬰兒的簡單資料。

任何成功都不是偶然的，成功的機會在於挖掘，有時候，即使是一條不起眼的資訊也可能蘊涵著無限商機。所以，如果我們能逐步培養起捕捉資訊的良好習慣，並能發現、利用有用的資訊，就能抓住走向成功的機遇，成就一番事業。

7 對創業者而言，最重要的是要喜歡自己做的事情

有很大一部分創業者之所以選擇創業，是因爲生活所迫，只要選擇一份自己喜歡的事業，努力拼搏，成功的機會還是很大的；還有些人，他們沒有明確的目標，常常是人云亦云，聽別人說這個好做，他就把目標定位在這個上，又聽別人說那個也不錯，於是定好的目標又發生了變化……

然而，馬雲曾給一些創業者這樣的忠告：對創業者而言，最重要的是要喜歡自己做的事情，應該是因爲喜愛這件事情而去做，而不是因爲別人的一句話一時興起跑去做。創業者應該想的是，把它做好，喜歡它，做夢也想著如何做成功這件事情。

馬雲剛開始做老師的時候，每月工資只有八十九元。為了增加收入，馬雲開始在杭州做起了翻譯，而且很快便在杭州翻譯界裏小有名氣。這讓馬雲從中嘗到了商海的滋

味，於是開始徘徊在下海的邊緣。

就在這個時候，工業學院來了一個叫比爾的外國教師，他是美國西雅圖人。相識後，比爾和馬雲大談互聯網，馬雲聽得熱血沸騰，甚至比說者比爾還激動。這是馬雲第一次聽說互聯網，此前他還沒有觸過網路，甚至從未碰過電腦。自此，馬雲就在心裏種下了「網」的種子，但是卻一直沒有機會真正地接觸它。

直到後來，馬雲因為一次偶然的機會，去了美國西雅圖，找到了比爾的女婿Sam。在Sam的指導下，馬雲第一次接觸了Internet。然而，在這個被叫作Internet的神奇互聯網上，卻搜不到關於「中國」的任何東西，這讓馬雲既驚奇又沮喪。

於是，他要求Sam把海博翻譯社的一些資料放在網上，想試一試反響。熱情的美國朋友幫助馬雲做了一個海博翻譯社的網頁，雖然網頁做得簡單，只有文字說明而沒有圖片，文字部分也只是關於海博翻譯社的翻譯人數和價格，但這個網頁還是在當天上午九點被掛在了網上。

僅僅三個小時之後，Sam就打電話給正在逛街的馬雲，說有五封給他的E-mail，分別來自美國、歐洲、日本，也有來自某些機構、公司和當地留學生的。大家在郵件中說：這是我們發現的第一家中國公司的網站，你們在哪裡？我們想和你們談生意。馬雲看後興奮不已，並且更加堅定了做中國互聯網的決心。於是，馬雲買了一台三八六筆記型電腦。

接下來的幾年裏，無論遇到怎樣的困難和挫折，馬雲都沒有離開過互聯網。因為在他看來，這是他所喜歡的行業，他一定要在這個領域做出點什麼。

正如馬雲說的：「別人可以拷貝我的模式，卻不能拷貝我的苦難，不能拷貝我不斷往前的激情，這個東西你一定要記住，這是你的核心競爭力。」

正是因爲對互聯網的熱愛，他才能夠投入全部熱情。如果你本身並不喜歡這件事，而是因爲某些其他原因選擇了這個項目，那麼，當有了更好的項目時，你不能保證你不動心。一旦你的信念動搖了，你在這件事情上的成功幾率就會更低。所以，做自己喜歡的事是創業者選擇創業項目時最重要的一個前提。

第三課

資金從哪裡來，花到哪裡去

1 首先要用自己的錢

很多創業者，在選好了投資項目以後，卻苦於沒有啓動資金。這個問題看似空洞幼稚，實際卻代表了很多創業者迷茫的現狀。

針對創業的啓動資金問題，馬雲提出了一個原則：啓動資金必須是pocket money（閒錢），不能向家人朋友借錢，因爲失敗的可能性極大。我們必須做好接受「最倒楣的事情」的準備。

在創辦阿里巴巴之初，馬雲沒有向任何親友借過一分錢，而是把自己的合夥人召集起來，他「身先士卒」，首先拿出了自己所有的積蓄，而其他人也抖出了自己的箱底，最後總算湊夠了五十萬啓動資金。

回憶起當初的困窘，馬雲很開心：「那時真有一種『不成功，便成仁』的悲壯感。」

對於創業者來說，最佳的融資管道莫過於利用自己手中的資金來選擇自己的創業項目，至少在起步階段要這樣做。因爲用自己的錢有以下幾點好處：

首先，沒有壓力，或者說壓力比較小。因爲創業資金屬於自己，創業者必然會對自己負責，進退都可以自己做主，沒有怨言，不會患得患失。成功了固然可喜，即使失敗了也不用爲此承受更多的壓力和痛苦。而通過外部融資創業，則會使剛誕生的企業背上沉重的債務負擔。

其次，沒有分權的隱患。從資金成本或企業經營控制的角度來說，個人資金的成本最爲低廉。而外部的融資會對企業的決策權、管理權等有一定影響，甚至會導致創業夭折。

另外，由於個人資金有限，所以最開始的創業規模會比較小，相對地縮小了風險。而且，船小好掉頭，一旦產生經營上的錯誤，可以儘快扭轉方向，最大限度避免損失。

商界永道行銷公司總經理、絕代佳人合夥人龍平敬也說：「我們是反對借錢的。創業者借錢創業的成功率並不高。我的幾個加盟商中，做得最好的，是一個從擺攤開始一步步創業的老闆。可能就是因爲是自己的錢，所以使用起來更加謹慎。」

因爲要靠自己的積蓄，所以一開始選擇的創業項目不要太大，如果你有十萬元，就用十萬元來創業，如果你有五萬，就用五萬元來啓動。

即使你手裏一時沒有任何啓動資金，其實還有個不用借錢的創業方法。有這樣一個例子：一位業務員，就因爲業務純熟，能力出眾，老闆覺得是可造之材，便對他不斷加以重用，最後，這名業務員成爲了公司的股東。這也不失爲一種非常好的創業方法，零啓動資金，卻用技術和能力入股。現在很多連鎖店的店長利用的就是這種上升路徑，即使以後要出去單幹，靠積蓄也夠了。

當然，除此之外，那些立志創業的人也可以參照以下方法：

首先，**縮減創業規模**。既然自己資金不充裕，又希望憑藉自己的力量立刻創業，那麼最好的辦法就是削減投入，將投資減少到自己能夠承受的限度以內。例如，可以放棄租金較高的商業中心，改在周邊社區相對集中的地區；進行店面裝修時儘量採用物美價廉的材料及設備。這樣雖然規模、利潤等都可能會小於最初的計畫，但投資較小，風險也就相對小了很多。

其次，**可以延遲創業的時間**。如果創業者既希望創業規模不變，又不願從外界吸取資金，那麼最好的方法就是將創業時間往後延遲一些，直到自己的資金足夠爲止。

最後，**邊創業邊積累資金**。如果創業者不願意延長自己的創業時間，或者選中的項目時效性很強，時間拖得太長會錯失良機，這時可以邊創業邊積累資金。

比如，馬雲在開始創辦海博翻譯社的時候，雖不是身無分文，但也窘迫至極，他和他的團隊一邊維持海博翻譯社的營運，一邊賣一些小商品，諸如小工藝品、鮮花、襪子等等。這樣維持了三年，海博開始贏利，馬雲也走穩了創業的第一步。

所以說，創業資金完全可以靠自己，沒有資金也可以靠技術和能力間接換取資金，根本沒有必要去借錢。從存錢開始創業，一步步走踏實，成功機率才會高。

2 創業初期資金不是越多越好

多數人總是覺得，在創業初期擁有的資金越多越有底氣，成功的機會也就越大。事實真的是這樣嗎？

對於這種說法，馬雲給出了這樣的答案，他說：「阿里巴巴能夠走到今天，有一個重要因素就是我們沒有錢，很多人失敗就是因爲太有錢了。以前沒錢時，每花一分錢我們都認認真真考慮，現在我們有錢了還是像沒錢時一樣花錢，因爲我今天花的錢是風險投資的錢，我們必須對他們負責任。」

當然，資金對創業者的重要性是不言而喻的，沒有錢什麼也幹不成，更別說創業了。就如馬雲所說，創業需要一定的投資，如果沒有資金，「巧婦難爲無米之炊」，創業就會成爲泡影。但是，馬雲也不斷強調「錢不能太多」的理論，他甚至把自己的成功都歸功於曾經經歷過的困窘日子。所以說，創業的錢夠用就好。錢太多，會使人做事時變得浮躁和盲目，不一定是好事。

有些人剛創業便想著如何儘快趕上同行們的腳步，不惜投入鉅資，辦公室選最繁華的地方，用最好的設備，花大量的錢去做廣告，招聘一些拿著高工資卻做不出實際成績的人等等。然而，馬雲卻認爲，創業初期，資金不需要太多，該省則省，不需要太多體面的排場，錢應該花在刀刃上。創業初期，錢多並不是一件好事，所以，剛創業時不要因爲沒有充足的資金就擔心害怕，而是應該想方設法讓自己有本事賺到這些後續所需的資金。

一九九六年，馬雲剛開始做中國黃頁的時候，遇到過一次發不出工資的情況。離發工資的時間僅剩三天，馬雲的帳户上只剩兩千多塊錢，而工資要發八千多塊。雖然馬雲手下的員工都表示沒關係，他們說即使兩個月不拿工資也願意跟著馬雲幹下去。但馬雲認為：人家說兩個月不拿工資可以，但是你即使出去借，也不能夠拖欠員工工資。馬雲說：「畢竟你的部下、你的兄弟都在看著你，以你馬首是瞻，你自己爬不好摔死了是你活該，但若砸死一堆兄弟就是你的不對了。」

從此以後，馬雲就把資金當成命脈一樣「緊衣縮食」地過日子。他做阿里巴巴的時候，之所以從北京回到杭州，其中的一個原因就是在杭州的開支要比北京低得多，包括員工工資、房屋租金等，杭州的標準都要比北京低。馬雲回到杭州後，就在自己家裏辦公，儘量將開支壓縮到最低。而且明確地告訴自己的夥伴們：月薪只有五百元，不能搭計程車，住的地方只能距離馬雲家五分鐘之內的路程。

因爲缺少資金而帶來的窘迫還遠不止這些。當年，美國的《商業週刊》要採訪馬雲，馬雲死活不讓，後來，他和《商業週刊》簽訂了「君子協定」，不許對方把看到的情景公佈出去。

然後，馬雲才給了記者一個地址——馬雲在湖畔花園的家。但是因爲位置複雜，記者像走迷宮一樣，繞了好久才終於在一個普通的民宅中找到了讓他們「魂牽夢繞」的阿里巴巴：一個四居室的房間裏，黑壓壓坐著二十多個人，幹什麼的都有，地上還扔著凌亂的床單……

記者看得目瞪口呆：這就是擁有全球二萬多名商業會員的阿里巴巴？不知是被感動還是被震驚，記者果然遵照了自己和馬雲的協定，沒有公佈這次採訪所見的景象。直到馬雲融到第一筆天使基金，搬到了一個嶄新的辦公場所之後，記者才把當初看到的一幕透露給全世界。

後來，每當馬雲回憶起當初的那一幕，都會深深地感慨——資金對於企業是多麼重要啊！俗話說：「兵馬未動，糧草先行。」任何企業都是需要成本的，就算是最少的啓動資金，也要包含一些最基本的開支。從某種意義上甚至可以說，資金就是企業發展的命脈。

但是另一方面，資金對於創業者來說也並不是越多越好。在企業融資的時候，馬雲強調的是，在融資的時候並不是拿的錢越多越好，而是應該在「合適的時候拿合適的錢」。因爲錢多了，一方面會使剛創業的人養成大手大腳花錢的習慣，另一方面也會使創業者免吃一些苦頭，而不曾經歷苦難和挫折的人，何以具備抗擊未來風險的素質和能力？

因此，在創業之初，一方面要做好籌備資金的計畫，另一方面還要懂得「節省」，懂得在錢少的時候合理地發揮每一分錢的效力的道理，否則哪個投資人願意把錢交給你呢？

3 利用人脈關係籌措資金

馬雲說：「一個創業者一定要有一批朋友，這批朋友是你這麼多年來用誠信積累起來的，越積越多。」

人脈資源是一種潛在的資產、無形的財富。表面上看來，它不是直接的財富，可沒有它，你就很難聚斂到真正的財富。即使你擁有很扎實的專業知識，還具有雄辯的口才，卻不一定能成功促成一次商談。但如果有一位關鍵人物協助你，爲你開開金口，或者直接在資金方面支援你，那麼你在創業路上便能省去很多麻煩。

另外，人脈資源越豐富，賺錢的門路也就越多；你的人脈檔次越高，你的錢就來得越快、越多。這已經是有目共睹的事實！

就拿阿里巴巴來說，在CFO蔡崇信到來之前，阿里巴巴在資金上已經瀕臨彈盡糧絕的困境，而蔡崇信就從資金上挽救了阿里巴巴。

蔡崇信原是瑞典Investor AB投資公司的副總裁，他本來是代表風險投資公司來跟馬雲談投資的，結果被馬雲的魅力所吸引，臨陣倒戈，做了馬雲的CFO。

阿里巴巴的第一筆風投資金來自高盛，這就是蔡崇信的關係所帶來的。一九九九年八月，蔡崇信在為阿里巴巴尋找投資的時候，在一家酒店碰到了一位老朋友林小姐。林小姐是國際知名投資公司高盛公司香港區的投資經理，她是蔡崇信在學生時代就認識的一位老朋友。當時，還處於學生時代的他們偶然在從美國回臺灣的飛機上相識，成了很好的朋友。後來，由於他們同在投資銀行工作，也算是同行，所以一直保持著友好來往，關係也非常好。

兩人久別重逢，自然非常高興。在閒聊中，林小姐說起自己正在跑項目做投資。因為當時高盛的目光已經轉移到了新興的互聯網行業，所以蔡崇信就問林小姐，高盛有沒有興趣對阿里巴巴這樣的公司進行投資。

林小姐爽快地答應前去考察，結果對阿里巴巴非常滿意。考慮到高盛的國際背景以及在投資界的地位，對投資商一向很挑剔的馬雲決定接受高盛的投資條件，同意與之合作。就這樣，在蔡崇信的幫助下，已經山窮水盡的阿里巴巴拿到了第一筆投資金——五百萬美元。

俗話說，多個朋友多條路。一個人要想成功，光靠自己的力量是遠遠不夠的，必須依靠或借助別人的力量。我們觀察身邊的成功人士，他們除了忙於正常的工作和生意，大部分業餘時間都用在了廣交朋友上。因爲朋友就是資訊，朋友就是商機，朋友就是創意，朋友就是提攜，朋友就是建議，朋友就是專家，朋友就是靈感，朋友就是財富……

在《贏在中國》裏有一位選手鄭女士，她曾經是個出色的銷售，並一度在保健品和白酒行業創出了驚人的業績。後來，她開始自己創業，公司的組織結構很簡單：最高層是董事會和CEO，下面是酒廠和三家銷售公司。銷售公司管理銷售業務、銷售人員、人事、銷售目標和企業文化等，她自己負責財務管理。然而，她卻遭遇到了一些她沒有想到的棘手問題：曾經是合作夥伴和朋友的公司開始挖她的牆角，用高薪挖走她的員工；她的供應商開始對她喪失信心，他們可能要求提前付款；指望銀行貸款也無門，因爲國內銀行不願意爲鄭女士這樣的中小企業貸款……如今，鄭女士正面臨著四面楚歌的困境。

這時，馬雲爲之點評說：「鄭女士犯了一個錯誤，她一開始就去做財務，她覺得自己有銷售技能，管好財務基本上就解決了一大半問題。但CEO最重要的任務是制定戰略，制定戰略有兩個核心的東西，一個是人，另一個是財，而人是最關鍵的。在整個創業過程中，團隊最重要，有了團隊就能管好錢、規劃好產品，而她只抓了錢，財聚人散，問題就大了。」

因此，我們可以看到讀諸如EMBA等培訓班的人越來越多，諸如高爾夫球會之類的各種貴族俱樂部也越來越多。爲什麼大家要花上幾十萬甚至上百萬去學習這些大家都明白的東西，去參與這些華而不實的娛樂呢？其實，他們花這麼多錢要買的不是課程，也不是娛樂，而是人脈。最有意思的一個現象就是，在一般人看來，越是成功的人，越注重人脈。其實恰恰相反，正因爲這些人看重人脈，他們才能成功。

所以，在創業尋找資金的時候，我們要記住一句話：「若你認識一百個億萬富翁，還怕沒有能夠幫你忙的嗎？」

4 要在自己狀態最好的時候去找錢

馬雲在《贏在中國》當評委的時候，曾經一再對創業者強調說：「不要在你最窮的時候去找資金、要錢，永遠要在你最好的時候去找錢，要在企業發展最好的時候進行調整！」這是馬雲的經驗之談。當初馬雲融資的時候，就是因爲選擇了一個很好的時機，才順利地得到了使阿里巴巴得以繼續運營的資金。

阿里巴巴剛創立不久，正好趕上了互聯網的春天，所有的風險投資商都願意給互聯網公司投資。而且，當時的阿里巴巴雖然剛剛開始運營，但是已經得到了迅猛發展，流量和客户都飛速增長，正處於一個良好的發展時期。

正是在這樣的大好形勢下，利用合夥人蔡崇信的關係，阿里巴巴實現了自己的第一次融資。經過再三考察，高盛決定為阿里巴巴投資五百萬美元，這雖然不是一個非常大的數目，卻讓阿里巴巴名氣大增。

接著，一九九九年十月，當時在互聯網界赫赫有名的投資公司日本軟銀也找上了門，投資大老孫正義在六分鐘之內就迫不及待地敲定向阿里巴巴投資，而且一出手就是四千萬美金。而這時的馬雲卻非常有底氣地和軟銀討價還價，連續三次說「NO」，並將孫正義的投資金額降到了兩千萬美金。馬雲之所以會拒絕孫正義的四千萬美金，是因為馬雲覺得，雖然他已經成功吸引了風險投資商的融資，但融資並不是越多越好，要給自己設立一條底線。

融資之後，馬雲又總結出一個非常值得我們細細品味的結論：「投資人最怕的就是有人向他要錢，他最喜歡的不是你要錢，而是他主動送給你！」而能讓投資人主動給你送錢的最有效的方式，就是你要給他們充足的信心，你的項目能讓他們看到前景，能爲他們賺錢。

畢竟，投資商的投資是以賺錢爲目的的，所以他們只會把錢主動送給情況最好的公司。因此，在公司情況最好的情況下去融資，最有希望得到資金。

當然，不同的投資者對創業者的要求是不同的。如果創業者以借款的方式獲得資金，比如從銀行或其他管道貸款，那麼放貸者就會更加關心創業者在借款期限內的還貸能力和支付利息能力。因此，放貸人需要對新創企業的商業機會和風險進行客觀的比較分析。

如果創業者希望尋找風險投資者來爲自己的項目投資，那麼投資者爲了獲得權益而提供高額的資本，希望獲得足夠的回報，並要求在一定時間內收回投資回報，所以投資者通常比放貸者更重視創業者的資格。他們經常花大量的時間來調查創業者的背景，不僅關心他的財務情況，還會從雙方是否能夠合作愉快等多方面加以考慮。

由此我們可以看出，無論通過什麼管道融資——尋找親朋好友借錢，找銀行貸款，或者尋求風險投資，首先要樹立他們對你的信心。在和投資人接觸的時候，要說明三個問題：第一，市場有多大，要用具體的數字來說話；第二，憑什麼選你，爲什麼只有你能夠做得好；第三，你的商業模式是什麼。只有讓投資人充分瞭解了你的公司和項目，他們才會主動拿出錢來。

創業者在融資的時候，必須要考慮具體的融資方式所具有的特點，並結合本企業自身實際情況，適時制定出合理的融資決策。比如，在某一特定的環境下，企業可能不適合發行股票融資，卻可能適合銀行貸款融資；企業可能在某一地區不適合發行債券融資，但在另一地區卻可能相當合適。

另外，還要有預見性。要及時掌握國內外利率、匯率等金融市場的各種資訊，瞭解國內外宏觀經濟形勢、國家貨幣及財政政策以及國內外政治環境等各種外部環境因素，合理分析和預測能夠影響企業融資的各種有利和不利條件，以及可能出現的各種變化趨勢，以便找到最佳的融資時機，果斷決策。

5 我們為小氣而驕傲

猶太富商亞凱德說：「猶太人普遍遵守的發財原則是，不要讓自己的支出超過自己的收入，如果支出超過收入便是不正常的現象，更別談發財致富了。」

對於一個真正有著商業精神的人來說，金錢的積累是從「每一枚硬幣」開始的。一個成功致富的人絕不會因為錢小而棄之，他們知道，任何一種成功都是從一點一滴積累起來的，沒有這種心態就不可能獲得更大的財富。

馬雲也說過：「阿里巴巴不做廣告，是全世界最小氣的公司，還有很多事阿里巴巴也不做。」他還說：「我們每天考慮的是如何花最少的錢，去做最有效果的事情。」

在剛剛創辦中國黃頁的時候，他從來不鼓勵他的員工搭車，甚至連坐公車都是能免則免，出門辦事常常以步代車。在他第一次建立阿里巴巴商務網站的時候，不要求華麗，一切以簡單為好，因為他覺得，有些不必要的花費該省就得省。另外，關於自己的小氣，馬雲曾講過這麼一個故事：

剛開始創立阿里巴巴的時候，公司情況並不好。當時有個親戚突然想要創業，來找馬雲借錢。那時的馬雲也很窮，於是，他就賣掉了一些東西，還是在最虧的情況下賣掉的，湊了錢借給他。馬雲問他的親戚，什麼時候能還錢，對方說一年以後還。一年以後，那位親戚創業成功，條件也富裕了，而馬雲公司的狀況也好了起來。

這時，馬雲發現，他的那位親戚又買車又買房，但就是不提還錢的事，因為他覺得馬雲的企業好了，日子好過了，並不缺那點錢，但馬雲還是找到他，跟他說：「你還我錢！」

那位親戚說：「你還要這些錢幹什麼？」

馬雲說：「我就是要這個錢，把它還我。」

對方說馬雲太小氣，馬雲也不否認：「我就是很小氣，把錢給我。」

後來，「把錢還我」成了經典句子，在網上流傳開來。

有人說，馬雲的確太小氣，自己又不缺錢，何況還是親戚借的。其實，馬雲的小氣是有道理的。一來，他希望他的親戚從一開始就做到誠信，借錢還錢，不管借多少，借誰的錢，只要答應過會還就必須還；另外，作爲一個商人，必須從各方面做到「小氣」。如果你總是這也不在乎，那也不在乎，這裏損失點，那裏損失點，最後成功的機會就會越來越小。

二〇一〇年，阿諾史瓦辛格訪華，他的全程費用都由阿里巴巴支付。有人說，堂堂的加州州長，怎就如此小氣，來華訪問還要中國企業家贊助？要知道，擁有矽谷、洛杉磯、三藩市等經濟重鎮的加州富可敵國，其GDP高達一點八五萬億美元，如果單獨作爲一個國家計算，可以排名全球前十。更何況，史瓦辛格此次訪華是公務安排，是來向中國推銷加州的。

其原因就在於這關係到他的政治前途。美國崇尚的是「大社會，小政府」模式，政客們爲了討好選民，大力提倡減稅、削減政府開支。因此，以加州GDP之高，其政府收入卻不及中國的一個省分。在相關媒體的監督下，並且考慮到對選票的影響，史瓦辛格不得不特別檢點自己的行爲，小氣也就理所應當了。

一個真正成功的人，往往是非常計較的，他們會把每一分錢花在該花的地方，並且從不會無故奢侈浪費。

尤其是作爲一個成功的商人，不僅要愛錢，更要會惜錢，不管多麼富有，絕不能隨意揮霍錢財。在二〇〇六年度《富比士》全球富豪榜上排名第四的瑞典宜家公司創始人英瓦爾·坎普拉德，在三十多個國家擁有兩百多家連鎖店，這位家居用品零售業巨頭卻被瑞典人叫做「小氣鬼」。

對於被扣上了「小氣」的帽子，坎普拉德大度地說了句：「我小氣，我自豪。」

對物品的斤斤計較和對金錢每分每毫的計算和利用，是商人職業的本能反映，或許正是這種小氣才成就了那些成功的商人。如果你稍微留意一下你生活的周圍，你就會發現，凡是經商的人，大抵都比較小氣。有些人看不起小氣的商人，這其實是一種無知的表現。相反，我們應該尊敬小氣的商人，正是因爲他們省吃儉用、拒絕享樂、只賺錢、不花錢，才能爲中國創造出世界第二的ＧＤＰ。

猶太人巨富洛克菲勒說：「緊緊地看住你的錢包，不要讓你的金錢隨意地出去，不要怕別人說你吝嗇。等到你每花出去一分都會有兩分錢的利潤的時候，你的錢才可以花出去。」

有句話說：非常「小氣」常常會成就「大器」。如果你想成爲一個真正的商人，在商界有所建樹，就一定要堅持走「非常小氣」的經商路線。努力賺錢是開源，設法省錢是節流。巨大的財富需要努力才能得到，同時也需要杜絕漏洞才能積聚。

第四課

關係不一定可靠，更可靠的是信譽

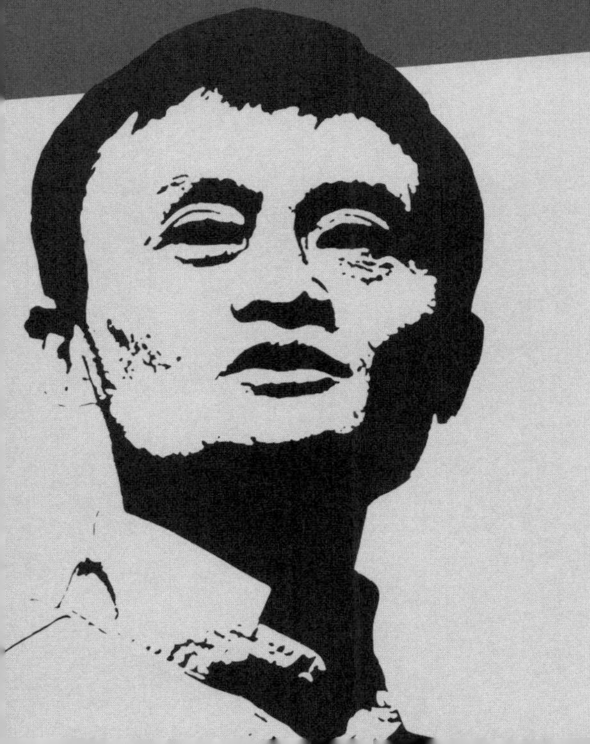

1 世界上最不可靠的東西就是關係

「關係」一直以來就被中國人看得非常重要，比如辦事情找關係，買稀缺東西靠關係，找工作托關係，等等。在某種程度上，廣泛的社會資源、良好的社會關係的確可以提高人們的辦事效率和成功機率。然而，創業做生意時，如果你也一味地追求一切靠關係，而不注重信譽和產品質，那麼最後自己必將葬送於對關係的依賴中。

馬雲在《贏在中國》節目中這樣評點創業選手：「我沒有關係，也沒有錢，我是一點點起來的。我相信關係特別不可靠，做生意不能憑關係，也不能憑小聰明，做生意最重要的是你要明白客戶需要什麼，要實實在在地創造價值，堅持下去。這世界最不可靠的東西就是關係。」

馬雲之所以會說出這樣的話，絕對是有道理的，也許這正是馬雲這麼多年闖蕩商海的經驗之談。

事實上，在阿里巴巴的發展過程中，上海和廣東的兩位省級一把手都對馬雲寄予了充分關注，這樣的關係看起來應該可以讓馬雲得到足夠的好處。而事實上，馬雲也的確想利用一下關係來發展阿里巴巴。於是，他在上海淮海路租了一間很大的辦公室，裝潢得也很漂亮。然而，當他開始運作的時候，他才發現，根本就招聘不到企業發展所需要的專業人才。最後，馬雲決定從上海撤離，返回杭州。

馬雲表示：感覺當時的上海怕我們這樣的新創公司。他說：「因爲上海比較喜歡跨國公司，喜歡世界五百強，只要是世界五百強就有發展，但如果是民營企業剛剛開始創業，最好別來上海。」讓馬雲感觸最深的是，在上海人看來，「我們都是鄉下人」。

當然，在此之前還有一次，馬雲因爲靠關係而栽了跟頭。

那還是在一九九六年初，中國黃頁正面臨資金匱乏、資源匱乏、資訊匱乏等問題的困擾，曾經一度連員工的工資都發不出來。中國黃頁處於內外夾擊中，為了活下去，馬雲決定找一個靠山，因此選擇了和杭州電信合作。一九九六年三月，中國黃頁將資產折合成六十萬元人民幣，占百分之三十的股份，杭州電信投入資金一百四十萬元人民幣，占百分之七十的股份。

但不久，雙方就出現了分歧。馬雲的戰略目標是打造中國的雅虎，他為此制定了一系列品牌培育策略，而杭州電信卻急於賺錢。幾個月後，雙方由於定位不同，矛盾日益加深，馬雲提出的所有經營方案幾乎都被大股東否決。再也無法忍受的馬雲憤然提出辭職。

在後來的創業中，有人提議爭取風險投資，馬雲更是一言否定，他說：「不要相信關係，世界上最靠不住的就是關係，你需要做的就是保證客户的真誠度和滿意度。」歷盡風雨滄桑的馬雲對這句話有很深的認識，從他的語氣中就可以明顯地感覺出來。

確實，如果創業者把一切成敗都寄託在關係和人情上，實際上就是想繞過一切正常的管理規範和法律法規，取得某種淩駕於制度之上的特權，從而獲取具有壟斷意義的機會和利潤。事實上，這樣的人往往忽略了做企業最基本的使命感和價值觀，即使他靠關係取得了一時的成績，但這種做法終究不是長久之計。

2 誠信不能拿來銷售，不能拿來做概念

有人說：普通的推銷者推銷的是產品，高明的推銷者推銷的是需求，偉大的推銷者推銷的是誠信和使命感。馬雲無疑是一個偉大的推銷者。在向世人宣傳阿里巴巴的時候，他作了不少巡迴演講。但是，在每次演講中，唯一不變的內容就是，他不斷地向人們灌輸這樣一種觀念：做企業首先要講誠信，要有使命感。

達芬奇傢俱可以說是中國最具影響力的高端傢俱品牌，以價格昂貴著稱。是由潘莊秀華一手創辦的，經過十一年的發展，現已成為亞洲規模最大、檔次最高的傢俱代理公司，並多次獲得由《胡潤百富雜誌》頒發的「最受富豪青睞的傢俱品牌獎」。

截至二〇一一年，總公司已經在北京、上海、廣州、深圳、成都、重慶、杭州、香港等地設有多家分公司和專賣店，代理銷售的傢俱有卡布麗緹、珍寶、好萊塢、阿瑪尼、范思哲、芬迪和藍寶基尼等一百多個品牌，這些品牌都是傢俱中的「國際超級品牌」。

在國內，達芬奇傢俱售價高得驚人，一張單人床能賣到十多萬元，一套沙發能賣到三十多萬。之所以能將這些傢俱賣到如此高的價格，達芬奇銷售人員說，是因為他們銷售的傢俱是百分之百義大利生產的「國際超級品牌」，而且使用的原料是沒有污染的「天然的高品質原料」。

然而，讓人們萬萬沒想到的是，二〇一一年七月十日，央視《每週品質報告》播出了《達芬奇天價傢俱「洋品牌」身份被指造假》。報導說，達芬奇公司銷售的這些天價傢俱有相當一部分根本就不是義大利生產的，所用的原料也不是達芬奇公司宣稱的名貴實木，經過檢測，有些達芬奇傢俱甚至被判定為不合格產品。也因此，達芬奇傢俱這座曾經屹立的品牌大廈轟然坍塌。

在阿里巴巴，馬雲一直堅持以誠信爲本。而且除了自己對客戶言出必行之外，他還鼓勵自己的客戶用誠信來經營品牌，並且在阿里巴巴推出誠信通，在淘寶推出支付寶，以保證客戶對消費者的誠信。

如今，支付寶在多個行業都取得了不錯的佳績。根據第三方披露的數字，截至二〇〇七年十二月三十一日，支付寶註冊用戶數已突破六千兩百萬。僅二〇〇七年一年，支付寶所產生的支付流量已經超過了二〇〇六年全國第三方支付企業網上支付的流量總和。

支付寶作爲國內第三方支付企業的佼佼者，已成爲中國第三方電子支付的重要樣本，而「支付寶加淘寶」方式的網上支付企業模式也成爲一些支付企業的參考標本。

「誠信不是一種銷售，不是一種高深空洞的理念，是實實在在的言出必行，點點滴滴的細節，誠信不能拿來銷售，不能拿來做概念！」這是馬雲的經典語錄，也是如今的一些創業者所奉行的座右銘。

3 「讓誠信的人先富起來」

馬雲意識到，許多中小企業都缺乏一套完整的信用體系，也許今天還好好的，可明天就會關門。於是，爲了解決這一問題，阿里巴巴推出了收費會員服務。馬雲說：「我們將給每一位付費會員建立一套網上資信體系。我們將建立阿里巴巴信用制度，和許多第三方公司合作。」

與此同時，阿里巴巴的誠信通誕生了。誠信通推出之後，馬雲宣稱：「讓誠信的人先富起來。」很多人都在多年後讚賞這一戰略的遠見，但在當時，並不是所有人都買馬雲所謂「誠信」的賬。

對馬雲來說，這是一次痛苦的戰略進攻。在二〇〇一年的一次新聞發佈會上，馬雲甚至有點痛苦地說：「我們已經這麼做了，我們還要堅定地做下去。我們寧可讓會員減少三分之二，甚至更多，也要堅定地把網上誠信體系推行下去。因爲真正的電子商務必須是由有信譽的商人積累起來的。阿里巴巴是全球商人的網站，我們不要量，我們首先強調的是質，沒有質，再大的量也沒有意思。」

在二〇〇一年的溫州會員見面會上，馬雲又一次重申：「我可以告訴各位，你不同意我的說法，沒關係，我們不需要所有的人都同意我們的想法，有部分人同意我們就可以了。讓一部分人先富起來，這很重要。我到北大演講的時候，很多人都同意我的觀點，也有很多人批評我們。阿里巴巴永遠不會幫助那些連電腦都不買的企業。我們沒有必要去做普及，沒有必要去幫它們把四八六、五八六配好，然後教它們怎麼做……我們的策略不是去拉更多的會員，而是要把已經在阿里巴巴使用我們服務的會員服務好，我們更願意把錢投到會員身上，會員好了，我們才會好，會員是最好的宣傳者。」

雖然剛開始受到人們的質疑，但是，隨著時間的考驗，越來越多的人成爲「誠信通」會員，這是一個不爭的事實。

「誠信通」在有形方面是一個軟體，而更重要的是其無形的價值，它承載著誠信的記錄和評價。因此，「誠信通」也是一種信用評價機制，是一種揚善懲惡的機制，阿里巴巴會用優先排名、向其他客戶推薦等方式來獎勵那些誠信記錄好的用戶。

「誠信通」與工商銀行及另外幾家商業調查機構合作調查會員的信用，這使得通過阿里巴巴達成的交易更讓人放心。因此，「誠信通」的會員比普通會員的成交量大十倍。此後，阿里巴巴還推出了「誠信通」的英文版，在客戶中的反響很好，兩周之內的訂單就超過了兩百份。因爲「誠信通」的緣故，這些訂單的覆蓋面很廣，包括十三個國家，有美國、新加坡、日本、韓國、加拿大、德國等。

二〇〇二年三月十日，阿里巴巴開始在國內全面推行「誠信通」計畫，首創企業間網上信用商務平臺。但誠信建設不是一蹴而就的事情，它需要一個長期的過程，而中國電子商務的安全問題已經成爲制約電子商務進一步發展的最大障礙。要解決電子商務的安全問題，首先要解決電子商務交易的支付環節。

到二〇〇五年，當淘寶再次推出「支付寶」的時候，人們依然用質疑的眼光來看待馬雲的這一舉動。但是，馬雲卻大膽地爲中國電子商務做了這樣一個「預言」：「二〇〇五年將是中國電子商務的安全支付年。電子商務，首先應該是安全的電子商務，一個沒有安全保障的電子商務環境，是無真正的誠信和信任可言的。而要解決安全問題，就必須先從交易環節入手，徹底解決支付問題。不解決安全支付的問題，就不會有真正的電子商務可言。」

在馬雲看來，對一個創業公司而言，如何面對客戶的誠信質疑是一個戰略問題，解決這一問題要有溝通技巧，更要有實實在在的解決方案。而他推出的「誠信通」和「支付寶」，正是兩個能夠有效解決這一問題的工具。

他說：「三年前，人們認爲『誠信通』不可能成功，三年以後，我們做出了一點成績。我們的使命就是讓誠信的商人先富起來，而『誠信通』就是給誠信的商人特有的服務。我覺得，只有讓更多的客戶擁有公平的市場機制，才能讓誠信的商人富起來。只有客戶成功了，我們才有可能成功。三年來，我們一直沒有做廣告，我們要把競拍這樣的廣告形式留給我們自己的客戶。這樣的社會意義會很大，因爲我們肩負著社會責任，而不僅僅是賺錢。」

二〇〇五年，當再次接受網友提問的時候，馬雲說：「我們推出『支付寶』的這段時間，收入已經達到每天幾百萬了。既然有這麼多錢進賬，那就說明現在已是大膽推出它的時候了。」

「支付寶」能最大程度地給予交易雙方安全性保障，降低雙方的成交風險。買家更加省心，因為收貨後賣家才能拿到錢，所以不會發生貨款被騙的事情；而對賣家而言，使用「支付寶」的賣家更能獲得買家的信任，交易資金即時劃撥，只需通過網路、點點滑鼠就可完成交易，不用每次都跑到銀行查賬，管理賬目也更輕鬆。

在淘寶網的商品中，百分之七十都要求使用「支付寶」，而且大額交易幾乎全部是通過「支付寶」進行的。據有關人員透露，珠海和上海兩個用戶就是通過「支付寶」完成了一筆五十萬元的珠寶生意；還有一個廈門買家通過「支付寶」在淘寶上購買了一輛三十多萬元的別克轎車。而且由於「支付寶」的方便，很多異地租房的用戶甚至通過「支付寶」來月付房租。

此外，「支付寶」還推出了「全額賠付」制度，對於使用「支付寶」而受騙遭受損失的用戶，「支付寶」將賠償其全部損失。這在國內電子商務網站中還是首例。

誠信，一直是馬雲所宣導的。在支付寶推出以後，馬雲最大的願望就是能夠像美國那樣解決電子商務的交易問題，希望「支付寶」能夠承擔類似的職責，能夠幫助中國電子商務進行安全交易。

4 不管做什麼企業，稅一定要交

創業初期，經濟狀況往往不會太好。在這種情況下，有些人便開始想著通過偷稅漏稅爲自己節省開支。一般來說，這些人因爲覺得自己今天保不住明天，也就是過一天算一天了，更不會想著企業會有什麼長遠的發展，能維持則維持，維持不了便關門大吉。

另外還有些人純粹是利慾薰心，總嫌自己賺的錢少，於是用逃漏稅來爲自己增加利潤。然而，正如那句俗語說的：常在河邊走，哪有不濕鞋。無論計謀多細密，手段多高明，他們終究逃不過法律的懲治。最後，不但沒有給企業帶來什麼好處，反而葬送了苦心經營的企業。

在阿里巴巴，馬雲不只一次強調繳稅對於企業的重要性。對此，馬雲在阿里巴巴論壇發表了這樣的觀點：「世界上只有兩件事情不可避免，稅收和死亡。」馬雲說：「阿里巴巴之所以能成功，最關鍵的原因就是按照法律規定的稅賦繳稅。在這裏，我想要提醒創業者的是，照章納稅是企業的義務，必須不折不扣地繳稅，這樣你的企業才有可能發展，否則，只會是一場虛幻的夢境。」

而對於那些慣於偷稅漏稅的創業者，馬雲毫不避諱地批判道：「偷稅、漏稅是企業的恥辱，只有把納稅看作是企業的義務、責任，才是遠見卓識的表現」。一個企業如果在納稅上不對國家盡責，私自偷逃稅款，那麼，人們就有理由懷疑你是否能對顧客講誠信。納稅是企業實力和經營業績的體現，凡是納稅先進企業，自然能在消費者心中樹立起愛國守法、誠實可信的良好形象，人們就喜歡與你談生意、做買賣，這樣就會顧客盈門，形成良性互動。要是一個企業稅源枯竭、拖欠稅款，那必然給人以信譽不良、經營萎縮的印象，不僅消費者不樂意光顧，就連向銀行貸款恐怕也不容易。

事實證明，一個聰明的企業家絕不會在繳稅上打折扣，而是用按時足額納稅來包裝自己，塑造良好形象，使企業更加興旺發達。

據美國企業新聞通訊公司報導，僅二〇〇五年一年，阿里巴巴就上繳了五五四八〇萬元的稅收，首次跨入稅收億元企業行列。按全年兩百五十個工作日計算，阿里巴巴成功實現了公司二〇〇四年提出的「在二〇〇五年要每天納稅一百萬元」的目標。

當媒體記者爲此採訪馬雲的時候，他表示：依法納稅是企業和公民應盡的義務。對於企業來說，交稅是其爲國家和社會創造價值的表現，也是對其自身成就的肯定。現在，企業的納稅意識在不斷提高，阿里巴巴在二〇〇四年就把一天納稅一百萬元作爲公司未來幾年的經營目標，並給自己設了一個緊箍咒——每天的稅款未達一百萬元，就是對社會沒貢獻。

眾所周知地，根據企業所上繳的稅收，能看出一個企業的誠信度和實力，阿里巴巴目前運營著全球最大、最活躍的網上市場和商人社區，企業和商人會員遍及全球兩百多個國家和地區。

然而，令人遺憾的是，很多創業者卻持有與此相反的想法，那就是想方設法逃漏稅，無視國家稅法，納稅意識淡薄，與稅務人員捉迷藏，給稅收帶來了困難。這些創業者的主導思想是，稅收是國家的，能偷就偷，能逃就逃，把權利與義務對立了起來，這是十分錯誤的。

其實，企業可以合理避稅或節稅，但前提是不能違反法律。因爲，一個人首先是一個社會人，我們要以社會責任爲重；而且，依法納稅的人往往更能受到客戶的青睞。

馬雲還認爲，我國稅收環境正在發生質的變化，如果再用舊思維來看待稅收，教訓可能會更加慘重。初創企業應該拋棄做假賬的想法，儘量利用稅收籌畫，合法經營才是使企業基業常青和永續經營的保障。

5 產品和服務對社會有害，做得再成功也不行

在剛踏入互聯網行業的時候，馬雲就說：「餓死也不做遊戲。」在他看來，如果孩子們都玩遊戲，國家將來怎麼辦？而電子商務則不同，它可以幫助中國的中小企業建立網上交易平臺，還可以解決一部分中國人的就業問題。因此，馬雲選擇了電子商務。

在馬雲看來，做生意不能光想著賺錢，他覺得，社會責任一定要融入到企業的核心價值體系

和商業模式中，才能行之久遠。換言之，一個企業的產品和服務必須對社會負責。如果賣的產品和提供的服務對社會有害，做得再成功也不行。

事實上，「企業家的社會責任」一向是全球企業界的熱門話題之一。最近一兩年，國內企業界也開始頻頻將「社會責任」作為企業家評價體系中一個核心的考量指標。但關於什麼是社會責任，卻往往眾說紛紜，莫衷一是。有的將社會責任窄化為慈善、捐款等外在舉動；有的則將其歸於關乎企業家道德水準的抽象範疇。

對此，馬雲卻給出了一個完全不同的定義，他說：「社會責任不該是一個空的概念，也不單純局限於慈善、捐款，而是與企業的價值觀、用人機制、商業模式等息息相關的。做企業賺錢，可以賺很多的錢，許多人都這麼想，但這不是阿里巴巴的目的。讓員工快樂工作，讓用戶得到滿意服務，讓社會感覺到我們存在的價值，這才是阿里巴巴的社會責任感所在，至於賺錢和社會回報，那是水到渠成的事。」

馬雲堅信，電子商務一定會改變社會，賺錢的遊戲是任何社會都玩不膩的健康遊戲，阿里巴巴的產品和服務必須被中小型企業喜歡。也正因為如此，馬雲才公開表示，阿里巴巴有再多的錢也不會投資網路遊戲，而在收購雅虎中國後，他更是直接砍掉了雖然很賺錢但魚龍混雜的短信業務。

馬雲表示，企業也有三個代表，第一代表客戶的利益，第二代表員工的利益，第三個代表才是股東利益。先客戶，再員工，最後才是股東，這三個次序不可以顛倒。

因此，對於員工，馬雲也從不含糊，他一直強調要讓員工認真生活、快樂工作。馬雲認爲，員工工作的目的不僅包括一份滿意的薪水和一個好的工作環境，也包括在企業中能快樂地工作。事實上，馬雲曾不止一次在公眾場合講話中強調，阿里巴巴最大的財富就是阿里人，不能快樂地工作就是對自己不負責任。

「阿里巴巴每年至少要把五分之一的精力和財力用在改善員工辦公環境和員工培養上。」阿里巴巴人事部經理陳莉如是說，「阿里巴巴對員工的工作時間沒有嚴格的打卡要求，只要完成工作任務隨便什麼時候上下班。像ＩＴ業，研發性的工作用腦量大，員工常處於緊張繁忙的狀態。提供優雅一點的工作環境，可以讓員工心情舒暢，開心工作。」

這可能就是一般企業人才流動率高達百分之十至十五，而阿里巴巴連續數年的跳槽率仍然能控制在百分之三點三的根本原因。

當然，除此之外，馬雲還表示：收入和理想你都要有，軟硬兩手抓——光講收入的話，人家一定能把你的員工挖去；光講理想，一開始還可以，後面大家餓了，還是會離開。所以你在從理想到實踐的過程中，要確保收入也是每年都在提高。

在員工的待遇上，從二〇〇七年阿里巴巴上市後數千員工身價過百萬就可見一斑。據有關人員透露，原本馬雲並不急於上市集資，而最終在香港主板上市，最大原因是爲回饋員工，履行公司上市給予員工套現的承諾。阿里巴巴上市後，約有四千九百名員工有持股，並且絕大部分都在一夜之間成了百萬富翁。

公司管理團隊、十八位創辦人及逾一百名嘉賓出席了阿里巴巴的上市儀式，公司首席執行官衛哲表示：「我們在港上市是公司的一個重要里程碑。阿里巴巴成立於一九九九年，目的是為幫助全球的中小型企業通過互聯網發展他們的業務。今天，我們已成為一家上市公司，但我們的目標依然不會改變。我們將利用上市所帶來的資源及品牌知名度擴大我們的會員社區，為他們的業務增添更多的價值。」

談到未來的目標，馬雲再次強調他在阿里巴巴十周年慶典、紀念活動時說過的一番話：「第一，我們希望為全球一千萬家小企業提供一個生存、成長和發展的平臺；第二，我們希望為全球解決一億人的就業問題；第三，我們希望在全球培育十億消費者，為他們的消費需求服務。」

可以說，馬雲最成功的地方就在於，他是在企業使命、價值觀層面上發揮領導力的，而不是簡單地帶領員工去實現目標、利潤。在馬雲的感召下，阿里巴巴創業團隊同馬雲一起，致力於打造中國最好的企業。B2B模式讓數千萬中小企業打破了來自時間、空間的限制，讓他們在一個簡單實用的平臺上找到了產業鏈的上下家，不僅由此改變了自己的命運，也提升了整個中國的中小企業階層在國際上的聲譽，同時也推動阿里巴巴順理成章地成為了最大的電子商務企業。

6 一個企業為什麼而生存？使命！

二〇〇一年，馬雲在紐約受邀參加柯林頓夫婦的早餐會。在那次早餐會上，柯林頓表示，美國無論是經濟還是政治、軍事，在全世界都是一流的，沒有可以模仿和借鑒的對象。而對於美國是依靠什麼力量前進並居於世界第一的，柯林頓表示，是使命感引導美國向前走。

這一番話給馬雲的感觸很深。在他看來，中國的互聯網公司可以模仿雅虎、美國線上、亞馬遜、阿里巴巴，但阿里巴巴能去模仿誰？一流的公司不應該是他人的複製品，所以阿里巴巴也要跟著使命感走！

之後，馬雲又進一步確立了公司的使命感，那就是「讓天下沒有難做的生意」。在這種使命感的牽引下，阿里巴巴制定了自己獨特的價值觀。在阿里巴巴，價值觀是決定一切的準繩，招聘什麼樣的員工，怎樣培養員工，如何考核員工，爲客戶提供什麼樣的服務等，都要堅決地貫徹這一原則。

馬雲說：「我們提出『讓天下沒有難做的生意』這一理念以後，我們就把這個作爲阿里巴巴推出任何服務和產品的唯一標準。我們的工程師和產品設計師把我們的產品設計得非常簡單，以便讓客戶更容易操作，我們把麻煩留給自己，這就是使命感的驅使。」

面對別人「爲什麼阿里巴巴當時選擇了電子商務，而不是當時其他人所看好的賺錢方式」的疑問，馬雲的回答是：「只有電子商務才能改變中國未來的經濟，我堅信人們進入資訊時代以後，中國完全有可能成爲世界一流的國家。無論是政治、經濟、軍事，還是文化。

阿里巴巴剛成立的時候我說過，我們相信中國一定能進入WTO，而中國的騰飛又是以中小企業的發展爲基礎的，我們用IT武裝他們，幫助他們騰飛，也幫助自己騰飛。阿里巴巴的使命就是讓天下沒有難做的生意，讓客戶賺錢，幫助他們省錢，幫助他們管理員工。」

的確，一個公司的使命感和價值觀往往更能提高整個團隊的凝聚力，同時引領這個集體向著既定方向不斷前進。

正如馬雲說的：「我們的員工來自十一個國家和地區，他們有著不同的文化背景，是共同的價值觀讓我們團結在一起，奮鬥到明天。我們請來的CEO已經五十三歲了，他是傳統企業的經理人，非常出色，他在美國通用電氣公司（GE）工作了十六年。我們總結了九條精神，是它讓我們一起奮鬥了四年。我們告訴所有員工，要堅持這九條：第一是團隊精神，第二是教學相長，然後是品質、簡易、激情、開放、創新、專注、服務與尊重。這九個價值觀是阿里巴巴最值錢的東西。」

從二〇〇〇年起，新員工都要進行學習培訓，只有能夠完全接受阿里巴巴的價值觀、使命感的人才能正式加入阿里巴巴。馬雲說：「使命、價值觀、目標是任何一個企業、組織機構一定要有的東西，如果沒有這三樣東西，你就走不長、走不遠、長不大。」

GE最初從做電燈泡開始，是爲了讓全世界亮起來；迪士尼公司自始至終都認定，要讓世界快樂起來；TOYOTA（豐田）的使命是讓全世界都懂得尊重；阿里巴巴也從不忘自己的使命：讓天下沒有難做的生意。所以，他們做任何事情都是圍繞著這個使命進行的，任何違背這個使命的事情阿里巴巴都不會做。

二〇〇三年，阿里巴巴在B2B領域發展得已經非常好了。然而，對於怎麼走下去，馬雲卻開始迷茫了。因爲當你站在第一的位置上時，往往不知道該往哪裡走，第二、第三可以跟著第一走，但是第一卻沒有參照物。此時的馬雲正是憑著強烈的使命感作出了一系列指引阿里巴巴發展方向的決定。

二〇〇四年，阿里巴巴重新確定了公司的目標：第一，做一〇二年的公司；第二，做世界十大網站之一；第三，只要是商人，一定要用阿里巴巴。

馬雲聲明：我們在作每一個決定之前，都會考慮到怎樣去做才能使客戶的利益更大化。

二〇〇七年阿里巴巴上市前夕，馬雲重申，希望通過上市，讓客戶——即網商富起來，這也是阿里巴巴的使命之一。

正是「讓天下沒有難做的生意」的使命感，使阿里巴巴受到了眾多客戶的尊重。因爲阿里巴巴這個平臺不僅解決了眾多中小企業的問題，也爲社會創造了很多就業機會。

爲此，馬雲總結道：「我們要讓中小企業真正賺到錢，要讓中小企業有更多後繼者。我們國家有十三四億的人口，二十年以後可能會有很多人因各種各樣的原因而失業，我希望電子商務能夠爲更多的人提供就業機會。有就業機會，社會就會穩定，家庭就會穩定，事業就會有發展。」

企業使命感是由企業所肩負的使命而產生的一種經營原動力，使命就是做事情最深層次的目的。也正是基於這一點，馬雲說：「每一個企業都要承擔社會責任，並把這份責任貫穿到企業的工作中去。而企業的使命感不僅僅擁有統一思想、凝聚人心、統一行動、提高效率、減少交流成本、激發員工鬥志的力量，它更是企業的血液、基因和品格。」

二〇〇七年底，阿里巴巴上市後，馬雲又拿出了三千萬投資海外市場。他指明，阿里巴巴發展B2B業務，是爲那些從事「中國製造」、利潤微薄沒有實力進行海外行銷的中小企業提供更低成本和更高效率的對外貿易平臺。而這一舉動，正是奉行了「讓天下沒有難做的生意」這一使命，也正是因爲馬雲對這一使命的堅持，才能使阿里巴巴不斷向前發展。

第五課

只有持久的激情才是賺錢的

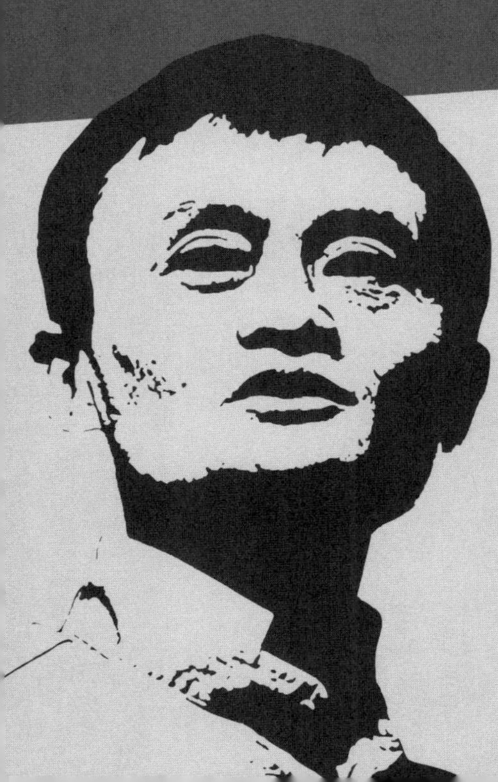

1 創業者最優秀的特點就是激情

每個參與創業的人都知道，創業路上困難重重，舉步維艱，如果你沒有一點創業的激情是很難克服那些困難並最終堅持下來的。但若是擁有創業的激情，便能逢山開路，遇水架橋，直面困難，解決困難。

對於這一點，阿里巴巴的締造者馬雲一直深有感觸。一九九九年，當阿里巴巴還沒有被大多數人知道並接受的時候，馬雲就對同伴宣稱：「我們要做一家八十年的公司，要進入全球網站的前十名。」就在這時，曾在瑞典Wallenberg家族主要投資公司Investor AB任副總裁的蔡崇信到阿里巴巴來商討投資。幾次接觸下來，蔡崇信被馬雲的思維和激情征服了。他當即決定拋下七十五萬美元的年薪，加盟阿里巴巴領取每月五百元的薪水。馬雲的激情，不僅使自己突破了重重困境，更是感染並吸引著和他接觸過的每一個人。

後來，馬雲更是「激情四溢」地宣稱：「我們要做一家一〇二年的公司，要進入全球網站的前三名。」所有這些瘋狂的想法，都是激情使然。

正是因爲看中了他這一點，軟銀集團董事長孫正義在選擇投資對象時，只用了短短六分鐘時間，便毅然決然地選擇和阿里巴巴合作，融資兩千萬。

孫正義的軟銀公司，每年要接受七百多家公司的投資申請，但大約只有百分之十，也就是只有七十家左右的公司能夠如願以償得到投資，其中只有一家孫正義會親自去談判。而阿里巴巴卻讓孫正義在短短六分鐘之內就作出了投資決定，他說正是馬雲的這種創業激情和領導氣質吸引了自己。孫正義見到馬雲經常會說：「馬雲，保持你獨特的氣質，這是我投資你的最重要的原因。」

馬雲的確是一個很有激情的人，見過馬雲或者在電視上看過馬雲的人，都會被馬雲身上的激情所感染。事實上，馬雲也正是因爲富有激情才能獲得極大的成功。

正是由於激情，馬雲揮手與六年的教師生涯告別，投身商海；也正是因爲激情，馬雲在遭受了一次又一次的磨難之後，仍然保持著樂觀的態度，並且竭盡所能地克服困難，最終走向輝煌。

馬雲的經歷告訴我們，激情讓人相信沒有過不去的火焰山，任何事情都有解決的辦法，關鍵在於你的對策是否切實、有效、具有針對性。激情促使人們想方設法找到問題的癥結，尋求對症下藥的良方，讓困難在自己面前低頭。

另外，激情還能令人激發潛能。如果我們留意身邊就會發現，有些人專業知識不過硬，人也不是很聰明，但往往能取得令人咋舌的成就。這些事例證明，這些人之所以可以成功，往往歸結於他追求理想的激情。激情能夠促使人們去嘗試平常人從未想過、自己也沒有一點把握的事情，繼而潛能被激發。誰能體會忙得連飯都來不及吃的忙碌？誰能想像需要半年的事情僅用一周完成的急迫？誰會經歷連夢境都縈繞其中的全身心投入？

馬雲有一句口頭禪：「只有你想不到的，沒有馬雲做不到的。」的確，激情常常能激發出令人意想不到的創意。因爲擁有激情，人的大腦便會保持長時間興奮，使思想隨意碰撞、交織、融會，創意便由此誕生了。而且，人若擁有激情，便會習慣性地從任何事物中發掘出其本質，以激發自己的靈感。激情還能使人敢於謀事，善於做事，讓創意變成實際，以務實的作爲映襯空談的懦弱。

然而，激情雖有諸般好處，但一個立志創業的人空有激情也是不行的。創業是極具挑戰性的社會活動，是對創業者自身智慧、能力、氣魄、膽識的全方位考驗。一個人要想獲得創業的成功，需要的不僅僅是激情，還必須具備基本的創業素質。

首先，**要培養自己的決策能力**。決策能力是一個人綜合能力的表現。創業者要在創業的過程中去發現錯綜複雜的現象、事物的本質，找出存在的真正問題，分析原因，從而正確地處理問題。

其次，**創業者要有經營管理能力**。經營管理能力是創業者必須具備的能力，可以說，經營管理能力直接關係到創業的成敗。經營管理能力不僅涉及人員的選擇、使用、組合和優化，還涉及資金的聚集、核算、分配、使用、流動等。經營管理能力是一項綜合性很強的能力，要從經營、管理、用人、理財等幾個方面去學習。

第三，**創業者要有專業技術能力**。專業技術能力是創業者掌握和運用專業知識進行專業生產的能力。在創業過程中，創業者要重視專業技術方面經驗的積累和職業技能的訓練。

第四，**創業者要有交往協調能力**。交往協調能力是指能夠妥善地處理與公眾——諸如政府部門、新聞媒體、客戶等——之間的關係，以及能夠協調下屬各部門成員之間關係的能力。

最後，**創業者最不能缺少的是不斷創新的能力**。

創新能力是創業成功的翅膀。在競爭激烈的市場中，缺乏創新的企業是很難站穩腳跟的，而一些細小的改變也許就能成爲你公司的出路或產品的賣點。所以，改革和創新永遠是企業活力與競爭力的源泉。

只要擁有以上能力，再加上不屈不撓的創業激情，便沒有不成功的道理。

2 強烈的意願，像堅持初戀一樣堅持理想

曾經，馬雲在「阿里巴巴社區大會」上說過這樣一段話：「初戀是最美好的，每個人最容易記住第一次戀愛。同樣，每個人初次創業時的理想也是最好的，但是走著走著就找不到這條路在哪裡了，其實你的第一個夢想才是最美好的東西……二〇〇一年網路泡沫破滅時，那三十幾家公

司，我記得現在全部關門了，只有我們這一家還活著。我們是堅持初戀的人，我們是堅持夢想的人，所以才能走到今天。」

馬雲在回顧阿里巴巴的創業歷程時，總結了企業創新發展的經驗，其中有一條就是：堅持自己的理想。創業和做人一樣，一定要堅持自己最初的理想，不可輕易動搖自己的信念，哪怕很多人都強烈反對，但只要你認定了，就要堅持。

馬雲的創業之路走得並不順利，阿里巴巴從成立以來一直備受質疑，但他從來沒有質疑過自己。馬雲說：「從八年前我做阿里巴巴的時候開始，我就是一路被罵過來的，大家都說這個東西不可能。不過沒關係，我不怕罵，反正別人也罵不過我。我也不在乎別人怎麼罵，因爲我永遠堅信這句話：你說的都是對的，別人都認同你了，那還輪得到你嗎？」所以，馬雲一直堅定不移地按著自己的理想進發，自始至終都沒有退縮半步。

所以，馬雲給那些有志於創業的人這樣的忠告：首先要搞清楚，自己是否具有強烈的創業意願，是否能始終堅持自己的理想。如果這兩個問題的答案不明確，如果自己創業的意願不夠強烈，那麼最好別創業。因爲打從創業的第一天開始，每天都會與「挫折」爲伍、以「困難」爲伴，要堅持下去，就需要你有矢志不渝的強烈意願。

當時，馬雲就是看好了電子商務，並以此爲目標，始終堅定不移地向著這個領域前進。馬雲說：「我堅信互聯網會影響中國、改變中國，我堅信中國可以發展電子商務，我也相信電子商務要發展，必須先讓客戶富起來，如果客戶不富起來，阿里巴巴就是一個虛幻的東西。」在發展的路上，馬雲也遇到過很多誘惑，阿里巴巴也遇到過很多疑惑，但最終還是在電子商務的道路上走了下來，這都是因爲馬雲一直堅持自己最初的理想，並堅信自己是對的。

一直以來，阿里巴巴都堅定不移地走電子商務路線，儘管馬雲承認做電子商務也許三年，也許四年、五年都掙不到錢，但馬雲堅信八年、十年後一定能夠實現贏利。所以，馬雲堅持把錢投入到電子商務中，而且即使面對各種誘惑和壓力，馬雲也從來沒有改變過。

二〇〇一年的冬天也正是互聯網的寒冬，這一年對於整個中國互聯網來說，可謂是一片蕭條。昔日IT界呼風喚雨的「網路英雄」都已經「風光不再」，撐不下去的早已「關門大吉」，就是勉強撐下去的也已經「改頭換面」，脫離互聯網，選擇了「下線」。

於是在二〇〇一年底，孫正義在上海召開了一次投資會議，孫正義問馬雲：「你要不要也調整戰略，放棄電子商務，轉向其他領域？」馬雲卻信心十足地對自己的「投資人」說：「孫先生，一年前你為我融資的時候，我向你要錢的時候，我講的是這個夢想；今天我仍然要告訴你，我還是這個夢想，唯一的區別是我朝我的夢想邁近了一步，但是我還會繼續往前走！」

馬雲接著說：「我們的模式能賺錢，對此我深信不疑。亞馬遜是世界上最長的河，珠穆朗瑪峰是世界上最高的山峰，阿里巴巴是世界上最富有的寶藏。」馬雲非常自信，每一個接觸過馬雲的人都有這種感覺。有人評價馬雲時說：「他走每一步的時候都很有底氣、很有把握，彷彿一切都在他的謀略和計畫之中，所以他無所畏懼。」

果然，在漫長的堅持和等待中，阿里巴巴度過了嚴冬，迎來了嶄新的輝煌，投資者、員工們無不對馬雲心悅誠服。當然，取得這一切成績，首先要歸功於馬雲堅持自己理想的強烈意願。創業之路充滿艱辛，如果缺乏強烈的意願，就很難堅持到最後。而能夠維持這種意願的東西，往往是創業者堅信自己能取得成功的信念。一位創業成功人士說過這樣一句話：「創業就像在一個黑屋子裏，一點光都沒有，但你要告訴自己，那就是有光的地方，告訴自己那是方向，然後跟團隊說：『跟我走，那就是方向』。」也就是說，相信自己的選擇、堅信自己的判斷力，並向著自己選擇的方向堅定不移地走下去。

在今天，參與創業的隊伍越來越大、越來越強，而能夠成功的人卻越來越少。所以在準備創業的初期，我們一定要聽從馬雲的忠告，問問自己是否有強烈的創業意願？是否對達成夢想有堅定不移的信念？是否能面對種種挑戰，克服種種困難？如果你搞不清楚自己選擇創業到底是一時的心血來潮還是已經決定全身心投入，不清楚自己的創業意願到底有多大，也不清楚自己是否有直面各種困難、挑戰的勇氣。那麼，你的創業之路就很難成功地走下去。

3 創業要有一種「瘋」勁，只有偏執狂才能生存

馬雲曾說過這樣一句話：「只有你想不到的，沒有馬雲做不到的。」其實，這裏暗含了馬雲性格裏瘋狂的一面。正如朋友們給他取的兩個綽號，一個是「瘋子」，一個是「狂人」。

對於「瘋子」這個稱號，馬雲十分淡然。他說：「我瘋狂，但是絕不愚蠢。」「狂妄」的馬雲常對年輕人說一句話：「我是一個笨人。算，算不過別人；說，說不過別人，但是我創業成功了。我想，如果連我都能夠創業成功的話，那我相信，百分之八十的年輕人創業都能夠成功……」馬雲的創業之路，一路上都在和「瘋狂」做伴。

一九九五年，當他偶然接觸過一次互聯網之後，就「瘋狂」地迷上了這個東西。於是，他決心要做一個這種叫作「因特耐特」的很「邪乎」的東西。這時，很多人都認爲他瘋了，有朋友站出來反對：「這玩意兒太邪門了吧？政府還沒有開始操作的東西，不是我們能夠幹的，也不是你馬雲能夠幹的，這需要好幾千萬美金呢！」

當時，正是馬雲在杭州電子工業學院春風得意的時候，但他還是沒有聽朋友們的「勸告」，「瘋狂」地拋棄了一切，一頭扎進了互聯網。雖然在創業途中經歷了種種磨難，但他依然瘋狂地堅持著自己的夢想。

一九九九年，在全世界互聯網企業都複製美國模式，做門戶網站，爲百分之二十的高端企業服務的時候，馬雲又別出心裁，選擇爲中國百分之八十的中小企業服務，並且還美其名曰：「聽說過捕龍蝦富的，沒聽說過捕鯨富的。」於是，在眾人的質疑聲中，他創立了阿里巴巴。

馬雲在《贏在中國》中爲一位選手點評時說：「你的性格不適合創業，你太儒雅。」其實，馬雲的言外之意就是，一個人要想創業成功，不能太過儒雅，必須要有點瘋勁。

瘋狂的人具有不妥協、不放棄的精神，他們認定的事，都會不管對錯，執拗到底。也正是這種「不管對錯」的執拗，遮罩掉了「給自己找藉口」的風險，堅持做下去的可能性就會更大。所以，只要給予正確引導，「瘋狂的人」更容易成功。

就好比馬雲的另一「瘋狂」之作——二〇〇三年，全球電子商務巨頭eBay收購國內C2C老大易趣，實現了強強聯合，準備獨霸中國網拍市場。面對eBay這個全球電子商務的「巨無霸」，馬雲沒有退縮。二〇〇三年五月，馬雲作出了一個大膽的決定：進軍C2C，向eBay易趣挑戰！這更充分地顯示了馬雲「瘋狂」的本性，因爲他們根本就不在一個等級上，在別人眼中，這無疑是在「蚍蜉撼樹」，不自量力。

一聽到馬雲的這個想法，阿里巴巴當時的首席技術官吳炯嚇呆了：「Jack，你瘋了嗎？我在雅虎跟eBay交鋒了那麼多年，輸得口服心服，那是個非常可怕的巨人……」

然而，馬雲並沒有被這個威脅嚇倒。二〇〇三年七月，阿里巴巴在上海、杭州、北京同時宣布：投資淘寶網，進軍C2C領域！

馬雲這個決定的確是夠「瘋狂」，而且還不是一般的「瘋狂」！

後來，馬雲到美國華爾街做演講，此時淘寶已經上線經營了幾個月。馬雲講到淘寶的前景時，基金經理們的表情頓時「一百八十度大轉變」，甚至有位基金經理，在當場給馬雲這場爭鬥下了「eBay will win（eBay將贏）」的結論後，憤然離去。

最後的結果，卻令吳炯和這位相信「eBay will win」的美國基金經理大跌眼鏡：淘寶網在不到兩年的時間內佔領了中國C2C市場百分之七十的份額，而那個號稱全球老大的「巨無霸」eBay，選擇了止損出局。

正如馬雲所說：「我很瘋狂，但是我不愚蠢。」馬雲的瘋狂並不是那種得意忘形的瘋狂，他的瘋狂源於他的創業激情和強烈的市場意識。因爲擁有市場眼光，所以對市場上千變萬化的資訊能夠反應迅速，並且能夠根據實際情況進行大膽決策，再輔以周密的計畫、靈活的處理方式，最終將設想轉化爲實際行動，這是馬雲能夠成功的至關重要的一點。

與此同時，他也在規避風險中體現了他的智慧。成功的創業者不僅要有瘋狂的鬥志、敏銳的市場意識，還要具備規避風險的能力。就像一位優秀的司機，他會根據路況來決定自己的車速，還會系上安全帶，並隨時收聽路況資訊，這樣才能夠做到快慢有度、收放自如。

4 短暫的激情不值錢，持久的激情才能賺錢

有些人剛開始創業的時候，的確是激情滿滿、自信滿滿，一副「不成功，便成仁」的樣子。但是，當遭遇了困難和挫折以後，那滿腔的激情便開始逐漸消減，甚至因爲無法面對困難和挫折，承受不了失敗的打擊，到最後乾脆直接退出。

從大學教師到「中國互聯網之父」，馬雲一路都是充滿激情地走來的。在「中國黃頁」初創之時，幾乎所有的中國企業對於在互聯網上打廣告、做宣傳都抱著強烈的懷疑態度，但他卻一如既往地堅持著自己的夢想。

即便是到了一九九九年，馬雲和他的合夥人以五十萬元人民幣始創阿里巴巴網站時，仍舊困難重重。儘管如此，馬雲依然充滿信心，爲自己和合夥人制定了奮鬥目標，規劃出美好未來的藍圖。

至今，阿里巴巴都還保存著這樣一段錄影：一九九九年阿里巴巴剛成立時，在杭州湖畔花園的馬雲家，坐著包括馬雲的妻子、同事、學生、朋友等共十八個人。當時留著長頭髮的馬雲手舞足蹈，充滿激情地慷慨陳詞：「從現在起，我們要做一件偉大的事情。我們的B2B將爲互聯網服務模式帶來一次革命！」他說：「你們現在可以出去找工作，可以一個月拿三五千的工資，但

是三年後你還要去爲這樣的收入找工作，而我們現在每個月雖然只拿五百元的工資，但一旦我們的公司成功，就可以永遠不用爲經濟擔心了！」

很顯然，馬雲的話帶有一些理想主義的色彩。在阿里巴巴成立的最初幾年，因爲沒有找到適合的贏利模式，公司不僅沒有收入，還背負著龐大的運營費用。二〇〇一年，受世界經濟衰退及ＩＴ泡沫破滅的影響，還未成氣候的阿里巴巴公司甚至差點垮掉。

但是，無論境遇多麼艱難，馬雲都始終相信，人總是需要有一些狂熱的夢想來鼓舞自己，做阿里巴巴不是因爲它有一眼可見的前景，而是因爲它是一個不可知的巨大夢想。

「世上無難事，只怕有心人」，經歷了幾次創業磨練的馬雲終於將阿里巴巴帶到了光榮和夢想的彼岸。馬雲把這一切都歸功於堅持。而接下來，他還要繼續充滿激情地向前走，永遠地走下去。馬雲說，希望到六十歲時，他還能和現在這幫做「阿里巴巴」的老傢伙們站在橋邊上，聽到廣播裏說，「阿里巴巴」今年再度分紅，股票繼續往前衝，成爲全球……馬雲說：「那時候的感覺才叫真正成功。」

5 激勵你的團隊保持持久的激情

馬雲曾說：「創業者的激情很重要，但是短暫的激情是沒有用的，長久的激情才有用。一個人的激情也沒有用，很多人的激情才有用。如果你自己充滿激情，你的團隊卻沒有激情，那一點用都沒有。怎麼讓你的團隊跟你一樣充滿激情地面對未來、面對挑戰，是極其關鍵的事情。」可見，馬雲對於保持團隊的激情是非常重視的。

他說：「判斷一個人、一個公司是不是優秀，不是看他是不是Harvard（哈佛），是不是Stanford（史丹福），也不是看裏面有多少名牌大學畢業生，而是要看這幫人幹活時是不是發瘋一樣地幹，看他每天下班時是不是笑咪咪地回家。」

那麼，如何讓一個團隊保持激情，發瘋一樣地幹活呢？關鍵就在於這個團隊的領頭人，因爲領頭人的一言一行往往能夠影響整個團隊。有一句古諺說得好：一頭獅子率領的綿羊隊伍可以打敗一頭綿羊率領的獅子隊伍。的確，領頭人如果總是鬥志昂揚，激情澎湃，他帶領的團隊必然也會因爲耳濡目染、潛移默化而變得意氣風發。

當人們喜歡他們所做的工作，並且樂於與那些一起工作的人共事時，他們就會高效率地完成工作。如果你信任自己和周圍的環境，那麼你就能將緊張和放鬆適當地結合起來，並常常沉浸於解決問題的興奮感中。正如你能在競技比賽即將開始之際感到那種動力十足的緊張氣氛，你在優秀的領導者那裏也能感受到它。當你傳達著「既競爭又平和」的資訊時，實際上，你向團隊傳達的是，如果我們把所擁有的都拿出來分享並相互支持，那麼公司就會持續運轉下去。

不過我們還要注意一點，短暫的激情只能帶來浮躁和不切實際的期望，它不能形成巨大的能量；而永恆持久的激情會形成互動、對撞，產生更強的激情氛圍，從而造就一個團結向上、充滿活力與希望的團隊。

馬雲就是個非常注重培養員工積極性的領頭人。在剛剛創立阿里巴巴的時候，爲了建設一個舒適的社區，馬雲提出阿里巴巴要有「藍藍的天」、「踏實的大地」、「流動的大海」、「綠色的森林」，意思就是要決策透明，每一項決策從法律和道德上都是安全的，可以跨區域、跨部門流動。目的是讓每一名員工都覺得阿里巴巴是一個能常給自己帶來很多創意和快樂的地方。

而馬雲正是這樣一個有魅力的帶頭人。當年，阿里巴巴連續三年沒有贏利，每月只有五百元的工資，員工們卻幹勁十足。在杭州湖畔花園社區的馬雲家裏，時常通宵亮著燈，員工們不會計較誰幹得多幹得少，也不會抱怨拿五百塊錢的工資卻幹幾倍的活。馬雲的一句「一旦我們的公司成功，就可以永遠不用爲經濟擔心了」便讓所有人都投入到了對未來的設想中。

一個人有激情，就會活力四射，始終保持一種昂揚向上的態勢；一支隊伍充滿激情，必然會虎虎生風，敢闖敢幹，鬥志昂揚。正是因爲充滿激情，阿里巴巴才能熬過三年的創業困難階段，一舉成爲電子商務的排頭兵。

所以，作爲領導者，你有能力影響人們並影響他們的行爲。如果你能創造一個鼓勵信任、保持樂觀、充滿快樂和具有個人發展空間的氛圍，那麼你將建立起一個可持續的、高效的團隊，在這個過程中，你還會培養出許多新領導者。

一個人，無論他有多大的能耐，多聰慧的頭腦，在選擇事業時，如果總是三心二意，一會做這個，一會做那個，或者把精力同時放在幾件事情上，最終的結果即使不是失敗，他的事業也不可能有多成功。

一個人的精力畢竟是有限的，所以奉勸那些立志創業的人，要把自己的思想、精力和鬥志都集中在一項事業上。只有專心做一件事的人，才能確定一個明確的目標，並集中精力、專心致志地朝這個目標努力。比如伍爾沃斯的目標就是要在全國各地設立一連串的「廉價連鎖商店」，於是他把全部精力都花在了這件工作上，最後終於完成了此項目標，而這項目標也使他獲得了巨大成就。

在賣掉了海博翻譯社，放棄了中國黃頁後，馬雲也曾經自嘲地說：「打一槍換一個地方的毛病現在看來該改改了。」於是，他從第一天創立阿里巴巴的時候開始，就想好了自己要做什麼，並且一路堅持到底，不受外界的任何影響。

二〇〇三年，阿里巴巴的股東孫正義召集了所有他投資的公司的經營者們開會，給每個人五分鐘的時間來陳述自己公司的運營狀況。當馬雲陳述結束後，孫正義作出了這樣的評價：「馬雲，你是唯一一個三年前對我說什麼，現在還是對我說什麼的人。」

這正說明馬雲在一九九九年構思阿里巴巴的時候所確立的目標一直堅持到了今天。馬雲說：「我想告訴大家，創業、做企業，其實很簡單，要有一個強烈的欲望，也就是問自己，『我想做什麼事情？我想改變什麼事情？』你想清楚之後，要永遠堅持這一點。」

在創業之前，馬雲就判斷中國加入WTO是遲早的事，這也意味著中國企業到國外開展業務指日可待。所以，阿里巴巴創立的第一個構思就是通過互聯網幫助中國企業出口，幫助國外企業進入中國。到底要幫助哪些國內企業走出國門呢？馬雲當時也是認真考慮過的，他認爲將來推動中國經濟高速發展的主要是中小企業和民營經濟，所以阿里巴巴應該幫助那些真正需要幫助的企業。

這是馬雲最早的構思。顯然，馬雲的這個構思在經過了幾年的互聯網風潮沉浮之後，不僅沒有動搖，反而更加堅定了。或者可以說，這個構思成了馬雲決定要「專心」做的唯一一件事，這也是阿里巴巴能走到今天，並愈走愈堅定的關鍵所在。

但是很多人不懂這個道理，總是看到什麼生意好做就做什麼，結果什麼事也沒有做成；而成功的創業者則會選擇堅持到底，他們在剛剛起步的時候，的確要講究靈活，但慢慢的，隨著生意越來越大，他們一定會有一個比較專注的目標，並且會專心做好它。

你可以把需要做的事想像成一大排抽屜中的一個小抽屜，你的工作只是一次拉開一個抽屜，令人滿意地完成抽屜內的工作，然後將抽屜推回去。不要總想著所有的抽屜，而要將精力集中於你已經打開的那個抽屜。一旦你把一個抽屜推回去，就不要再去想它了。

6 人一輩子都在創業

馬雲說：「我一直認爲人一輩子都在創業，以前深圳有一個口號叫作『二次創業』，我不太同意這個，同一批領導是沒有辦法二次創業的，因爲從第一天創業開始，你就一直在創業。」

馬雲認爲創業者既然選擇了創業，就必須一直堅持下去。暫時的失敗並不代表永遠的失利；一時的成功也不代表將來永遠成功。只有樹立遠大的理想，並在理想的道路上堅持下去，才能獲得最大的成功。

蘋果電腦公司創始人、前任CEO斯蒂夫‧賈伯斯二十歲時開始創業。最初，他和他的合夥人在一間車庫裏工作，經歷了風風雨雨的十年後，他將「蘋果電腦」擴展成了一家員工超過四千人、市價二十億美元的國際大公司。

而令人意想不到的是，賈伯斯三十歲時被自己所創辦的公司炒了魷魚。賈伯斯說：「就這樣，曾經是我整個成年生活重心的東西一夜之間就不見了，令我一時愕然，走投無路。隨後的幾個月，我實在不知道要幹什麼好。我成了公眾眼中一個非常負面的示範，我甚至想要離開矽谷。」

其實，就如馬雲說的，創業者從開始創業的那一天起，就該一直堅持下去。無論是成功，還是失敗。就如你選擇了出生，就應該生活下去一樣。有時候，生活是一種被動，創業也是一種被動，而讓這種被動變爲主動的唯一方法就是，你要激情昂揚，不屈不撓，堅持不懈。

就像賈伯斯的經歷帶給我們的啓示一樣，雖然賈伯斯被董事會否定，但他一直熱愛的事業並沒有否定他，所以賈伯斯決定一切從頭開始。在接下來的五年裏，賈伯斯創立了一家叫作NeXT的公司和一家叫作Pixar的公司。Pixar取得了很大的成績，製作出了世界上第一部完全由電腦製作的動畫電影——《玩具總動員》。之後，這家公司陰差陽錯地被蘋果電腦公司買了下來，於是賈伯斯又回到了蘋果公司。而NeXT發展的技術居然成爲了「蘋果電腦」後來復興的核心。

賈伯斯曾說：「我敢肯定，如果蘋果電腦公司沒有開除我，就不會發生這樣的事情。這服藥雖然很苦，可是它成爲了蘋果電腦公司——這個『病人』起死回生的神藥。」

馬雲說：「今天很殘酷，明天更殘酷，後天很美好，但絕大部分人都死在明天晚上，所以每個人都不要放棄今天。」那些走在創業路上的人們，一定要謹記馬雲的這句話，不要讓希望在今天磨滅，要一直堅持下去，最後終會撥雲見日。

「那時候，很多人都說阿里巴巴如果能成功，無異於把一艘萬噸輪船抬到喜馬拉雅山上面。我跟我的同事說我們的任務是：把這艘萬噸輪船從山頂抬到山腳下。別人怎麼說，是沒辦法的事，但你自己要明白，我要去哪裡？我能對社會創造什麼價值？創業的時候，我的同事可能流過淚，我的朋友可能流過淚，但我沒有，因爲流淚沒有用。」馬雲如是說。

雖說在外界看來，今天的阿里巴巴已經非常成功了，但是馬雲仍然不忘告誡公司員工，要對外界的讚譽置若罔聞，因爲他的目標是要做一〇二年。馬雲說：「如果有一天你上了什麼封面，你就當自己上了一個娛樂雜誌。不要認爲那是成功，成功是很短暫的，背後所付出的代價卻是很大很大的。」

馬雲的這種心理正好非常合理地解釋了他最初說的「創業是一輩子的事」。

二〇〇一年，馬雲在回答網友提問時說：「互聯網是一個新興的產業，它將改變世界……我相信互聯網和電子商務不會在一兩年內成功，可能要花十年、二十年。開始容易，繼續難。在這次長征裏，只有你的心很堅定，眼界很開闊，才能把高興和不高興的事看輕；只有把錢看輕，才能賺到大錢；只有給別人帶來價値，才能賺到錢。」

雖然明知道創業之路充滿艱辛，但馬雲認爲只要有夢想，只要不斷努力，只要不斷學習，就有機會到達成功的彼岸。而那個彼岸，卻要用一生的時間去擺渡，甚至，就算成功了也未必是最終結果，創業者們需要警鐘長鳴。既然選擇了創業，就不能再回頭，創業者一輩子都在創業。

第六課

創業不是空想，腳踏實地才能出成果

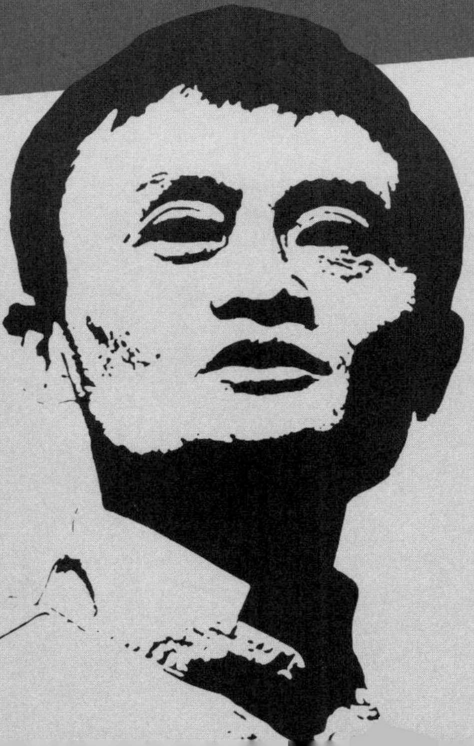

1 先做好，而不是做大

馬雲告誡創業者：「一個優秀的創業項目是做好而不是做大，更需要注重項目細節的可執行性。」一直到今天，如果你打開海博翻譯社的主頁，還能看到這樣一段介紹性的文字：

「杭州海博翻譯社成立於一九九四年一月，由馬雲先生創立，是一家經工商局正式註冊成立的專業翻譯機構，也是杭州最早成立的專業翻譯社。海博翻譯社成立之初即成爲杭州市公證處指定的翻譯社，多年來我們以快捷、準確、保密、周到的服務，深得各公證處的信賴，並被浙江省司法廳公證員協會確定爲翻譯合作單位。翻譯社自成立以來，始終把顧客和信譽放在首位，保證品質，服務力求完美，擁有廣泛的客戶群。我社不僅有好的翻譯人員，還有一支精幹的業務後勤隊伍。十多年來，我們踏踏實實，一步一個腳印走過風雨，與您一起迎接更美好的明天。」

雖然馬雲已經離開了翻譯社，但是馬雲那種腳踏實地的幹勁卻始終鼓舞著在翻譯社工作的員工們。馬雲正是這樣的一個人，從一開始，他便能踏踏實實、勤勤懇懇地致力於做好一個小公司。

馬雲一直認爲，創辦企業就像是養孩子，不能指望他一生下來就能去賺錢養家糊口。你只要不斷地給予他營養和知識，讓這孩子能夠茁壯成長，賺錢是早晚的事情。

那麼如何才能像養孩子一樣做好小公司呢？馬雲給我們的建議是：

首先，**要保持專注**。

專注就是有所不爲才能有所爲，這點非常重要。如果公司的腳跟還沒站穩就去追求多元化，別說小公司，大公司也有失敗的例子。所以，小公司更應該抓準一個點把它做深、做透，這樣才能積累更多資源。小公司到處試驗，會讓你的企業耗盡所有資源。

在我們身邊有很多創業者，他們的失敗不是因爲沒有經驗、缺少資金……很大一部分是栽在不夠專注上，因爲創業者總是被自己腦子裏那根不安分的神經牽動著，今天在這兒打一口井，明天在那兒打一口井，最後哪兒也沒有挖出水，只是在地上留下了許多坑而已。

其次，**創業者還要有一種能力，就是所謂的與時俱進的學習能力**。

有些創業者沒有成功就是因爲他們太自負，不能從成功人士那裏學到一些優點，聽不進好的建議。其實，作爲一個創業者，沒有經驗不可怕，關鍵是你有沒有謙虛、開放學習的心態。

第三，**要想把一個小公司做好，要有一定的執行力**。

有些人，不做事的時候，總是誇誇其談，好像自己能撐起一片天來；但臨到自己做事時，卻往往眼高手低，創意一大堆，也都說得頭頭是道，但就是不付諸行動。

要知道，想法只是一個開頭的方式，是不值錢的。我們坐在這兒一個小時，可以天馬行空地弄出幾十個想法來，腦子稍微一轉，你的思想已經在宇宙走了好幾個來回了——行動的成本才是最高的，對創業者來講，就是要看自己是不是有這種經驗和執行力。同樣的想法兩個人做，誰的執行力更強，誰的經驗更豐富，誰就更容易成功。

最後，**你一定不要盲目地去模仿和抄襲大公司的做法**。

就拿做網站來說，很多人都在新浪、搜狐做過，他們出來後就會不自覺地按照大公司的做法建立一些規章制度等，但大公司爲了穩妥，一般都比較慢。大公司爲這個「慢」付得起代價，小公司卻沒有這個資本。

馬雲曾講過一個大象和兔子的故事：大象和駱駝三天不吃東西也沒事，但是新創業的公司就像小兔子一樣，每一步都要跑得快，要到處找食。本來就是隻兔子，卻以爲自己是頭大象，用大象的心態做事，在狼面前慢慢踱步，最後只會被狼吃掉。創業意味著你要有創業的做事方式。

如果你跟大公司做一樣的事，他的實力很強，跟他比是沒有優勢的。因此，如果把整個產業畫成一張地圖，你可以看哪些領域被誰占了，誰有什麼優勢，你應該找一個不在這張地圖上的事情去做。比如，前幾年大家都不重視的搜索，現在就做起來了。不要在公司剛起步的時候就想要通吃，要顛覆，要滅掉誰，這是不實際的。小公司要學會跟大公司合作，要學會廣交朋友，在這個產業鏈中跟別人合作，會使自己成功得更快一些。

如果你現在還不具備以上這些能力，你還是暫時不要創業爲好，先爲別人打工。把公司讓你做的事情做好，以此提高自己的能力，慢慢地你就會知道創業的方向了。雖然是打工，其實是等於公司在給你「繳」學費，給你一個學習的平臺。與此同時，你還可以通過這個平臺去積累經

驗、資源等。等到萬事俱備只欠東風的時候，你再去創業，成功的機率就會大許多。

2 產品不是靈機一動做出來的

產品的品質是企業生存的根本，是商戰制勝的根本，也是創業求生存、謀發展的根本。事實證明，一個創業者所選擇的項目如果在品質上過不了關，那麼無論它有多麼美好的前景、多麼優惠的服務、多麼迷人的外觀，都是無濟於事的，這個項目最終會走向失敗，這個創業者也會走向失敗。只有搞好品質，才有可能奢談其他。

產品要有過硬的品質保證，這是經商最爲根本的東西，也是經商者的良心體現。創業者一定要深刻地認識到這一點，在生產經營時，一定要將產品品質放在重中之重的位置上。只有這樣，你的產品才有可能贏得消費者的信任，你也才有可能賺到錢。

時下，在企業資訊化的市場上，有一種現象叫作「炒概念」。然而，縱觀那些風雲多變的競爭市場，那些「炒概念」的公司往往是首先被「篩選出局」的，這就從另外一個角度反映了企業重視做產品的重要性。所以，告誡那些企圖通過投機取巧取得成功的創業者，有「炒概念」的精力不如踏踏實實地用在做產品上，只有提高了產品的品質和性能，才能在市場上生存和發展。

3 成功就是簡單的事情重複做

很多參與創業的人，最初總是希望幹成一番大事業，於是把目標定得很遠大，不屑於做一些簡單平凡的小事，結果經常會停滯在離成功很近或者只有一步之遙的地方。海爾總裁張瑞敏說：「把簡單的事做好就是不簡單，把平凡的事做好就是不平凡。」

其實，成功就是簡單的事情重複做。創業者只有腳踏實地做好那些看似簡單平凡的事，才能不斷成長，不斷實現自己的目標，最終獲得成功。

馬雲所遵循的正是這樣一種規律。在剛剛創辦中國黃頁的時候，他和他的同伴們憑著一部美國電話和幾張圖片到處宣傳互聯網。那時沒有高科技，沒有複雜的理念、模式，就憑著一個推銷員簡單的推銷方式，逐漸讓人們認識到互聯網，認識到互聯網給人們帶來的種種好處。

很多人認為，一個人的成功，很多時候只是偶然。可是，誰又敢說那不是一種必然？對於一些不起眼的小事情，誰都知道該怎樣做，問題在於誰能一直堅持下去。許多人終其一生都在追求偉大，最後，他收穫的可能只是失敗。誰能想到，其實偉大就存在於你身邊的平凡之中呢？

美國標準石油公司裏有一位叫阿基勃特的小職員，無論在哪兒簽單，他總會在自己簽名的下方寫上「每桶四美元的標準石油」字樣，在書信及收據上也不例外，簽了名，就一定要寫上那幾個字。他因此被同事叫作「每桶四美元」，真名反倒沒有人叫了。公司董事長洛克菲勒知道這件事後說：「竟有職員如此努力宣揚公司的聲譽，我要見見他。」於是邀請阿基勃特共進晚餐。

後來，洛克菲勒卸任，阿基勃特成了第二任董事長。

一件簡單的事情重複做，做到極致也就成功了，這是許多成功人士帶給我們的啓示。正如汪中求先生在《細節決定成敗》一書中所說的：「芸芸眾生能做大事的實在太少，多數人的多數情況還是只能做一些具體的事、瑣碎的事、單調的事。也許過於平淡，也許雞毛蒜皮，但這就是工作，是生活，是成就大事不可缺少的基礎。」

馬雲也說：「在學校教書的五年，給我的好處就是，我知道了什麼是浮躁，什麼是不浮躁，知道了怎麼做好點點滴滴。創業一定不能浮躁。」

當初，阿里巴巴剛創立的時候，曾有漫長的三年時間一直在虧損。但是馬雲明白，成功不是那麼容易的事，他和他的團隊依然堅持踏踏實實做好每天的日常工作，三年如一日地爲贏得每個客戶的信賴而奮鬥。直到後來，互聯網迎來了春天，而之前所做的一切也爲阿里巴巴以後的發展打下了堅實基礎。

什麼是不簡單？能夠千百遍地把每一件簡單的事情都做好，就是不簡單；什麼叫不容易？能夠把大家公認非常容易的事情高標準地認真做好，就是不容易。那麼怎樣做到不簡單、不容易呢？

創業者首先需要清楚地知道自己的夢想和目標。如果你不知道自己真正想要的是什麼，那麼你的時間管理根本無從談起。

第二，我們要定下長期目標，比如五年、十年目標，或者定一個中期目標，比如一年、三年目標；然後，將年度目標分解成半年目標，再分解成季度目標、月目標、周目標；最後，將你的周目標分解成每天要做的事情，然後以此爲依據來確定最重要的幾件事。

這樣定出來的幾件事才是對實現我們的夢想和目標最重要的事情。只要我們每天都完成這幾件事情，我們的周目標就一定可以達成；只要我們每週都能達成目標，我們每月的目標也一定能達成。依此類推，只要你做到了每天完成最重要的幾件事，我們的夢想和目標就能夠很快達成！

當然，我們的夢想和目標並不是一成不變的，我們的計畫和安排也不是一成不變的，這就需要我們在不斷的實踐、行動中適時調整和改善我們的目標和計畫。

無論創業還是工作，都有很多事情看似簡單，但我們仍然不能馬虎大意。我們要把它們看作一件需要付出全部熱忱、精力和耐心的偉大事業。當你能夠把一件簡單的事情做得非常好時，你

也就變得很不簡單、很不平凡了。

世界上沒有絕對簡單的事，只有把事情簡單化了的人。許多創業者總是不屑於做一些小事、簡單的事，總是急功近利地想要一步登天，殊不知，這樣往往會摔得很慘。

所以，馬雲無時無刻不在告誡那些創業人，一定要甘於從最簡單的事情做起，並投入自己最高的熱忱和耐心，腳踏實地地做下去，只有這樣才能迎來最終的成功。

4 有兔子的速度，還要有烏龜一樣的耐力

在與來自全國各地的大學生和青年網友交流、分享創業心得的時候，馬雲說：「要永遠去想，我是爲五年以後、爲十年以後創業，而不是爲今天。假如你覺得創業是因爲別人今天把這件事做得好我也去做，那麼你的成功率就會很低。很多時候我都希望大家既要有激情，更要有耐性。我們既要有像兔子一樣的速度，也要有像烏龜一樣的耐力。你堅持到底，是爲未來而創業，不是爲今天而創業，這樣的想法會讓你的心境更加平淡，做事也就方便多了。」

馬雲雖然做事風風火火，卻不是一個浮躁的人，尤其在對待企業發展上。在觀察市場和捕捉

資訊的時候，他總是比別人快一步；但在做企業內部的產品上，他卻總能不急不躁，穩穩當當地走好每一步。正如他說的：「我們必須比兔子跑得快，但又要比烏龜更有耐心。」

的確，如果沒有兔子的速度，看準了市場不敢下手，總是猶猶豫豫的，也許時機就會在不經意間被錯過；但是，返過來再看烏龜，雖然速度慢了點，但耐力卻是驚人的。龜兔賽跑中的烏龜不僅贏在心態上，還贏在耐力上。

創業也是如此，很多人在創業初期都是激情四射、豪言壯語，但在創業途中，那種激情卻隨著時間的流逝和困難的出現日漸消退，豪言壯語也隨著創業的腳步漸行漸遠，直至有一天連他們自己都忘了那些曾經讓自己驕傲的話語！而創業，也在喪失動力和激情的同時慢慢凋萎。

所以，在競爭日益激烈的今天，既然選擇了創業，心態方面就要保持平衡，不能存有「浮沙築高臺」的心理，要耐得住寂寞，穩中求勝，踏實進取。所謂「千里之行，始於足下」就是這個道理。

一九九九年，互聯網在中國掀起了第一輪狂潮，這一年，中國的上網人數達五百萬。然而在這股狂潮裏，馬雲卻是清醒的。馬雲把當時的市場生動地比喻爲：互聯網是影響人類未來三十年生活的三千米長跑，你必須跑得像兔子一樣快，又要像烏龜一樣耐心。在前一百米中，誰都不是對手，但你跑著跑著，跑了四五百米後就能與別人拉開距離。

於是，在這中國互聯網呈現出一片欣欣向榮之景的一年裏，阿里巴巴卻搞起了「閉關鎖門」，馬雲要離開這最「熱鬧」的地方。一九九九年，馬雲帶著幾個難兄難弟撤回了杭州。回到杭州後他們商量決定：六個月內不主動對外宣傳，一心一意把網站做好。後來，馬雲稱這一年是他的「閉關」時期。

二〇〇〇年，阿里巴巴經過了一年的「內功」修煉，加之接連獲得兩筆融資，馬雲才終於認定「時候到了」而開始進行對外宣傳。他打造了「西湖論劍」這個彙集全國最精英的互聯網新貴的交流平臺，並邀請金庸先生做主持，迅速打響了旗號。

當別的網路公司在風光時期風馳電掣時，阿里巴巴被嘲笑慢似蝸牛；可當他們自己的發展停滯不前時，才驚見阿里巴巴的快速。「其實我從來都是這種速度」，馬雲笑稱自己是一個精於「控制哲學」的人。由此可以看出，馬雲一直是比較清醒的，正因如此，阿里巴巴才有了今天的發展。

馬雲回憶上一輪互聯網泡沫破滅時說：「二〇〇二年，我的口號是成爲最後一個倒下的人，即使跪著，我也得最後倒下。而且，我那時候堅信一點，我困難，有人比我更困難，我難過，對手比我更難過，誰能熬得住，誰就能贏。」一個企業總會不斷地遇上順境和逆境，但只有在逆境中才能看出一個企業的優秀。

除此之外，馬雲還提醒自己的客戶們，在網上做生意尤其要具有烏龜精神——耐心。無論是對阿里巴巴還是淘寶網，成功因素中最重要的就是信譽和耐心。由於經營的是國際貿易，地域、空間上的無限可能性常常讓買家對商品的品質心存疑慮，所以賣家的信譽非常重要，不僅要百分百地保證貨源品質，還要耐心地與買方溝通交涉，只有這樣才能促成一筆生意。

所以，正在或將要開闢網上貿易的從業者們，不論你的業務是在國內還是國外，都需要注意：做網上貿易業務的人很辛苦，線上時間很長，耐性和耐心是贏得客戶的重要法寶。網店上有很多產品都不錯，價格也比較合理，但由於不能直接見到貨物，客戶多少還是會存在一些疑問，這就需要店主與客戶做進一步的瞭解和交流。

在這個時候，店主千萬不能表現出不耐煩，更不能對客戶說出「不買就別問」、「問了這麼多買還是不買」、「我很忙，不是只有你一個客人，還有別的生意等著我呢」之類的話。如此沒耐心，原本有購買你產品意向的客戶就會放棄，而且今後都不會再買你的產品，還會向他的朋友訴說你的不是。這樣一來，你就會因爲得罪一個客戶而失去許多潛在客源。

可見，無論你的生意做的是大是小，「比兔子跑得快，但又要比烏龜更有耐心」的精神都是必不可少的。

5 小公司的創業謀略：活下來，賺錢

近年來，參與創業的人越來越多，但是在這些企業中，半途夭折的也越來越多。尤其是在一些中小企業身上，這種現象更是頻頻發生。據統計，日本百分之九十以上新成立的企業都是在三年以內消亡的，這個數字甚至可以代表所有經濟發達的國家。因此，馬雲忠告那些創業者：「活下來」才是首要任務。

海博翻譯社剛創立的前幾個月不僅沒有賺到錢反而虧了很多。幾個合夥人都開始逐漸失去信心了，但作為海博翻譯社的創始人，馬雲心中的信念從未動搖過。馬雲曾把做企業比作養孩子，當他還很弱小的時候，你只能盡一個家長的責任，把他養起來，想辦法讓他好好存活下去。只要能保證這個「新生兒」健康地成長，將來他總會有賺錢的那一天。

為了讓這個剛剛開始的翻譯社繼續生存下去，馬雲開始尋找新的利潤增長點。那時天氣很熱，他一個人背著個大麻袋，從杭州跑到義烏、廣州，批發一些小工藝品、小禮品，再一個人氣喘吁吁地背回杭州……一個堂堂的大學教師，就這樣做起了「倒爺」，來養活當時的海博翻譯社。

就這樣，日復一日，年復一年，馬雲的「倒爺」生涯持續了整整三年，才讓這個原本早已奄奄一息的翻譯社奇蹟般地起死回生。到一九九四年時，海博翻譯社基本實現收支平衡，一九九五年開始逐步實現贏利。

作爲一個企業，能夠賺錢、擴大規模是目的，但是，如果你是剛剛成立的小公司，往往是要經歷一段艱難的生存鬥爭的。很多創業者剛剛創辦公司的時候，就希望它能夠賺錢，一旦贏利不如預期便會失去信心。還有些創業者更是急功近利，公司還沒完全站穩腳，就妄想著擴大規模、一夜暴富，最後不僅不能達到想要的結果，反而會栽一個大跟頭。

Webvan.com的創始人科佩・霍爾茨曼（Coppy Holzman）從他二十世紀九〇年代末經營的雜貨店迅速崛起，而後又迅速破產中學到了很多教訓。霍爾茨曼說，他的合夥人說服他，他們可以迅速將規模擴大，可以將沃爾瑪和聯邦快遞相結合。他表示：「同時進攻太多的市場是我們失敗的根本原因。」吸取教訓之後，他對他的新產業——高檔網上慈善拍賣網站所採取的策略是保持慢速，穩步增長。他表示：「讓我們的核心業務能夠百分之百地滿足客戶是我們優先考慮的問題，這比征服整個市場更重要。」

的確，沒有人能一口吃個胖子，企業也是一樣。馬雲的「活下來，賺錢」意在告訴我們，做企業，首先要有吃苦二十年的心理準備；其次，一定要腳踏實地、一步一個腳印地把企業的基礎打好，然後再去考慮擴大規模、掙大錢。其實，當你把企業的基礎做得扎扎實實之後，即使你不想著去賺錢，錢也會主動找上門來。

而有些創業者往往不懂「有活下來的資本，才有賺錢的資本」的道理，不能「好好活」，也就不可能「做有意義的事」。

當然，如果把許三多的這句「好好活是做很多很多有意義的事」擱在創業中，也就是馬雲所說的「賺錢」，這一點毋庸置疑。

和馬雲持同樣觀點的企業家有很多，日本「經營之神」松下幸之助就曾說過：「企業家的使命就是賺錢，如果不賺錢那就是犯罪。」英代爾公司的首席執行官格魯夫也說過，一個企業家賺錢叫道德，企業家不賺錢就是缺德。相反，如果企業家不賺錢，肯定是會給社會、家庭、個人、團隊、員工造成嚴重傷害的。

作爲一個創業者，最應該做的事情就是在遵守法律和社會公德的前提下，努力地去賺錢。雖然不能金錢至上，但一定要敢於賺錢、善於賺錢。用一句最直白的話說就是，堅持自己的信念和目標，什麼都別想，好好活，好好賺錢，這是創業者最大的生存智慧。

6 記住你最初的夢想：不要滿足於一時的成就

有些人剛開始創業的時候都會有一個夢想，並且爲了達成這個夢想不辭辛苦、不斷努力、奮發圖強，然而，一旦他們取得了一些小成績，就開始得意忘形、自我陶醉、不思進取。還有些人，因爲知道前方的路更加艱難，覺得既然自己手裏已經有了可以炫耀的資本，就不用再繼續「吃苦」了，於是抱著「守成」的觀念，再也不肯爲最初的夢想而努力了。

這樣的人，不但讓自己從此失去了成長的動力，有時候還會阻礙其他人的前進。因此，眼前的一時成就只可以讓你小小地高興一下，切不可因此忘記了你的最終目標是什麼，甚至忘記了你自己。

和馬雲同爲互聯網風雲人物的盛大網路創始人陳天橋曾說過這麼一段話：「當每天的收入達一百萬的時候，我覺得它是誘惑，它可以讓你安逸下來，讓你享受，讓你成爲一個土皇帝。當時我們只有三十歲左右，急需要一個人在一旁鞭策。就像唐僧西天取經一樣，到了女兒國，有美女，有財富，你是停下來還是繼續去西天？我們希望有人不斷地在一旁督促說：『你應該繼續往你取經的地方去，那才是你的理想』。」

陳天橋說的正是馬雲所主張的，那就是讓創業者不要忘記最初的夢想，不要爲一時的成就而迷失。

當年，馬雲還在教書的時候，他的上司對他說：「馬雲，好好幹。再過一年你就有煤氣瓶可以發了，再過兩三年你就可能有房子了，再過五年你就能評副教授了。」而馬雲並沒有被這種許諾誘惑。相反，他從上司身上看到了自己以後的樣子——每天騎著自行車，去拿牛奶、買菜。

馬雲說：「我當然不是說這種生活不好，只是希望換一種方式。等到在創業的路上越走越遠的時候，我發現自己的夢想也變得越來越大、越來越真實了。每個人都有夢想，夢想未必要很大，但一定要真實。」

然而，遠大的理想就像《聖經》中的摩西一樣，帶領著人類走出蠻荒的沙漠，進入充滿希望、生機勃勃的大陸，進入太平盛世。而那些滿足於現有生活和被困難嚇倒的人，往往會停止前進，最終也就無法到達自己夢想的大陸了。

對於那些永不停息地追求自己夢想的人來說，他們總覺得自己身上還存在某些不完美的因素，因而總是渴望著進一步改善和提高。他們身上洋溢著旺盛的生命力，從不墨守成規，這使得他們總認爲任何東西都有改進的餘地。這些人是不會陶醉在已有成就裏的，他們會想方設法達到更美好、更充實、更理想的境界，正是這一次次的進步，使他們不斷地完善著自我，也完善著人生。

因此，馬雲一直強調：「記住你最初的夢想，不要滿足於一時的成就。」

阿里巴巴從最初在杭州只有十八名創業者，成長爲在三大洲二十個辦事處擁有超過五千名雇員的公司，但是馬雲並不滿足於此，他提出要把阿里巴巴做成一個一〇二年的企業，做成一個屹立三個世紀不倒的大企業。

然而，作爲一個創業者，常常會面對諸多的誘惑和困難，如何才能克服一切干擾，持續追逐自己的最初夢想呢？這個時候，就要求創業者要仔細分析和掂量一下堅持夢想的諸般好處了。

比如，如果創業者不滿足於目前的小小成績，就會充實自己、提升自己，將自己的項目做強做大，爲社會作出貢獻，進而實現自己的人生價值。

另外，小小成就雖然也是一種成就，也是自己安身立命的資本，但社會的變化太快，長江後浪推前浪，如果你在原地踏步，社會的潮流就會把你吞沒，後來之輩也會趕超你。如此說來，你的「小小成就」在一段時間後也就算不得什麼成就了，甚至還有被淘汰的可能。

最主要的是，一個人不滿足於目前的成就，積極向高峰攀登，就能使自己的潛力得到充分的發揮。比如說，原本只能挑一百斤重擔的人，因爲不斷地練習，進而突破極限，挑起了一百二十斤甚至一百五十斤的重擔。因爲一個人只要安於現狀，就會失去上進求變的動力，沒有動力，就無法付諸切實的行動。

一個社會，或者是一個集體或組織，從不會指望一個放任自己隨波逐流的人能有什麼大作爲，因爲他們往往是安於現狀的。即使他們知道自己體內還有許多潛力可挖，也還是會以各種各樣的方式將它白白浪費耗損掉，面對停滯不前的現狀他們還是能不爲所動、安之若素。也許他們會有這樣那樣的收穫或成就，但他們永遠只能被眼前的小小成就所蒙蔽，看不到山外有山，人外有人。他們只知道拿這些小成就作爲自己炫耀的資本，卻不知人生還有更多偉大的目標可以去實現。就這樣甘於平淡的生活，他們體內曾潛藏的那點潛能也將因爲長久被棄之不用而逐漸荒廢消亡。

只有那些不滿足於現狀，渴望點點滴滴的進步，時刻希望攀登上更高層次的人生境界，並願意爲此挖掘自身全部潛能的人，才有希望到達成功的巔峰。

7 機遇青睞那些有準備的人

「機遇青睞那些有準備的人」，無論是生活還是創業，這句話給人們的啓示都是無可估量的。機會對於每個人都是平等的，有準備的人能夠及時發現並抓住機會，而沒準備的人即使機會就在眼前，也不一定能抓住它。

一九九五年，馬雲下海創辦海博翻譯社。因爲幫助杭州市政府和美國一家公司談高速公路的合作，在美國談生意的馬雲第一次接觸到了互聯網，第一次見識到了網路的神奇。正是這第一次「觸網」改變了馬雲，也改變了中國互聯網的歷史進程。

其實，在一九九五年，互聯網在美國方興未艾，接觸網絡的人很多。就是在中國國內，比馬雲更早「觸網」的中國人也不在少數。但是，馬雲卻是第一個發現互聯網背後的巨大商機並立即付諸實踐的人。

正如有句話說的：世界上不缺少機會，缺少的是發現機會的眼睛。其實，在我們的生活周圍機會遍地都是，關鍵是你有沒有敏銳的眼光，能不能發現並把握機會。縱觀那些創業成功的人，沒有哪一個是靠運氣成功的，大抵有些成就的人都是善於捕捉機會並把握機會的人。

很多人在羨慕別人成功的時候，卻不懂自我反省一下，其實不是我們沒有機會，而是我們不知道那是機會，我們之所以不知道那是機會，是因爲我們沒有準備。所以，要創業一定要有敏銳的眼光，能夠看到未來，估量形勢，把可能發生的變化預先加以測算、加以準備。也就是要做到預測、預報、預算。如果算准了，就堅決地做下去，這樣離成功也就不遠了。

8 沒有優秀的理念，只有腳踏實地的結果

荀子的《勸學》寫道：「故不積跬步，無以至千里；不積小流，無以成江海。」成功者之所以能成功，不在於其起點的高低，也不在於其理念多麼優秀、模式多麼先進，而在於其凡事都以求真務實、事無巨細、腳踏實地的態度去做。

很多創業者，剛開始創業就開始大張旗鼓地宣揚自己的所謂理念、模式，空口白話說了一大堆，卻沒有付諸實際行動。然而，馬雲在二〇〇二年接受記者採訪的時候說：「我沒有理念，不懂技術，我沒有計劃，沒有錢，這可能是我能活下來的最好理由。我推薦員工去哈佛商學院學習，我也不希望他們能記住什麼理念，如果記住了，那麼他們得忘掉，從國內的實際經驗出發，然後再來做。我們比別人弱，我們每天都在求生存，我們的求生欲望更強，勝出的機會也多些。」

馬雲的「無招勝有招」就是一種腳踏實地、求真務實的獨特理念。馬雲一再強調，阿里巴巴是商業公司，不是互聯網公司，互聯網只是阿里巴巴的工具。如果發現比互聯網更好的工具，那麼他可能不會再用互聯網。互聯網只是解決市場的手段，它不是目的。

在阿里巴巴創業的整個過程中，馬雲沒有宣揚過自己用了什麼獨特的理念來發展阿里巴巴。

他認爲，當阿里巴巴還是一個沒有完全長大的孩子的時候，作爲家長，需要腳踏實地地去培育它。但是，如今阿里巴巴已經享譽世界，馬雲依然沒有改變自己的初衷，仍舊用心、務實、腳踏實地地做企業。

正如馬雲一直在強調的：「沒有產品、品質、服務這些東西，一切策劃都是空的。」但凡一個創業成功的人都明白，無論你的想法有多優秀，包裝做得多花哨，口號喊得多響亮，如果不去貫徹實施，不腳踏實地地做事，就很難到達成功的彼岸。

有人說：「境遇是自己開創的，成功是自己造就的。」這話沒錯，做人不能好高鶩遠，你要學會從你的現有能力出發。該花的心血一定要花，該有的過程一定要經歷。一個人失敗與否，不能單看他的資質，更要看他的務實能力。

9 一流的執行比一流的創意更重要

一些人總會在別人靠一個新鮮的點子創業成功後，一拍大腿：「哎喲，這不就是我當初的想法嗎？」一副後悔莫及的樣子。是的，很多人都想創業，但很多人都是「晚上想想千條路，早上起來走遠路」。不去執行，一切都是空想。

創業者要想取得成功，除了要有好的決策班子、好的發展戰略、好的管理體制外，更重要的是要有好的執行力。這就是爲什麼很多創業者既有高水準的人才、新穎的創意，同時又具有搏擊商海的果敢和膽識，卻偏偏不能成功的原因。因爲他和他的團隊不能很好地執行創意。

事實上，一個好的執行人能夠彌補決策方案的不足，但一個完美的決策方案，卻會死在差勁的執行過程中。從這個意義上說，執行力是企業成敗的關鍵。而這一點也是馬雲最關注的。

在一次會晤中，馬雲和日本軟銀集團總裁孫正義一起探討了這樣一個問題：一流的點子加上三流的執行水準，與三流的點子加上一流的執行水準，哪一個更重要？結果兩人一致認同後者。馬雲的理由是，工業時代的發展是人工的，而在網路經濟時代，一切都是資訊化的，難以預測。只有一流的執行水準，才能解決三流的點子或者其他原因帶來的缺陷。因此在阿里巴巴，決策不是計畫出來的，而是「現在、立刻、馬上」幹出來的。

的確，再好的創意點子，如果無法一步一步扎實地依據計畫執行，那這個創意只會被扼殺在搖籃中；而即使沒有好的創意，如果能腳踏實地、一步一個腳印地做事，或許也能逐步接近成功。所謂執行力，它包含了一個系統、組織和團隊，要貫徹戰略意圖，完成預定目標的操作能力；它是企業競爭力的核心，是把企業戰略、規劃轉化爲效益、成果的關鍵。而執行力的最高標準就是不能馬虎，不能差不多就好，而要力求完美。

有些人，創意有了，並且也付諸了行動，但是在執行的過程中，一旦遇到一些難題就打退堂鼓，或者是跟困難狀況妥協。如此就會導致計畫方案一再變更，最後完全背離最初的創意精神。

另外，在執行方案的過程中，更不能投機取巧、偷懶耍滑，一個人若總是不按劇本演出，無視一些執行過程中不可忽視的環節，就如同搭建了一棟地基不穩的大樓，一旦遭遇狂風暴雨就會被瞬間摧毀。

爲此，馬雲常常在不同場合強調，阿里巴巴之所以能夠成功，依賴的就是高效率的執行力，並且他常常爲能有一支「執行隊伍而非想法隊伍」引以爲傲。馬雲說：「執行一個錯誤的決定總比優柔寡斷或者沒有決定要好得多，因爲在執行過程中，你可以有更多的時間和機會去發現並改正錯誤。」

在整個創業過程中，馬雲都以「強勁的執行力」來要求自己的所有員工。在阿里巴巴剛創辦的時候，因爲阿里巴巴的模式「獨特」，幾乎沒有人認同它的價值，所以公司內部對網站的未來是充滿疑惑的。在這種局面下，當要求技術人員將ＢＢＳ上的每一個帖子檢測並分類的時候，有一些技術人員認爲這樣做將違背互聯網精神，但是馬雲認爲只有這樣才能讓用戶方便、快捷地從阿里巴巴的網站上獲得需要的資訊。

爭吵之中，馬雲發怒了，他尖聲大叫：「你們立刻、現在、馬上去做！立刻！現在！馬上！」由於馬雲的強硬要求，阿里巴巴的發展方向最終確定下來，並獲得了有效的執行。

此後，同樣的問題不斷在阿里巴巴出現，但都在馬雲對執行力的「嚴格要求」下被解決了。比如，二〇〇三年，馬雲提出了阿里巴巴全年贏利一億元人民幣的目標；二〇〇四年，馬雲爲阿里巴巴定下了每天贏利一百萬元人民幣的目標；二〇〇五年，馬雲爲阿里巴巴定下了每天繳稅一百萬元人民幣的目標。雖然很多人對實現這樣艱巨的任務表示了極大的懷疑，但出人意料的是它們最終都被落實了。而馬雲再次把這一切歸功於阿里巴巴「一流的執行力」。

憑藉馬雲團隊爲人所稱道的超強執行力，阿里巴巴已經遠遠甩開了競爭對手，成爲業內公認的技術水準高超、認真、執著、有責任心的完美團隊。

馬雲是眾多成功創業者的典範之一，這是毋庸置疑的。他所獲得的經驗不見得能夠套用到其他創業者身上，但是，他所說的「一流的創意，三流的執行力；三流的創意，一流的執行力，我寧願選擇後者」絕對是我們每個創業者都可以借鑑的。

10 做好一個，再做第二個

專注於一個領域，或者專注於做一件事，並把它做大做強，這對於一個創業者來說是不可或缺的品質。馬雲把做企業比作抓兔子：「有些人一會兒抓這隻兔子，一會兒抓那隻兔子，最後可能一隻也抓不住。ＣＥＯ的主要任務不是尋找機會而是對機會說ＮＯ。機會太多，我只能抓一隻兔子，抓多了，什麼都會丟掉。」並且，他還非常堅定地說：「我專，故我強！」

本著這樣的態度，馬雲從進入電子商務開始，從來沒有動搖過。從一九九五年到二〇一一年，十六年的堅守，堅守出了一個世界最大的電子商務網站。

馬雲非常重視專注的重要性，他認爲現在的創業者，尤其是年輕的創業者，或多或少都有些浮躁，他建議創業者要「重點突破，所有的資源在一點突破」。

馬雲的建議蘊涵著深刻的創業哲理。一花一世界，一沙一天堂。事實上，在選擇創業後，只要你能憑藉自己的力量去做成功一件事，你就絕對不是失敗者。

創業好比登山，成功者認定一個目標，不停攀登，很快便能到達山頂；而那些失敗者，在攀登的同時看到花開得好就去採花，看到石頭生得漂亮就去撿石頭，到最後，不僅彎腰浪費了體力，石頭增加了重量，而那些漂亮的花也迷惑了登山者的心智，失敗也就是必然的了。

當然，創業並不是只能做一件事，而是將一件事做成功，再接著去做另一件事。成功地解決一個問題，就有可能成功地解決第二個、第三個問題……如果一個問題都解決不了，就有可能永遠喪失解決問題的能力。香港首富李嘉誠便是以多元化經營著稱，但是對於自己的多元化經營他是這樣解釋的：有一個到兩個的企業永遠賺錢，才會開始進第三個。

除此之外，我們可以放眼看看世界上最成功的前十大企業，又有哪個是靠多元化經營崛起的？因此可以說，唯有專注，才能使創業者在創業的過程中迅速獲得預期的規模經濟效益，也才能幫助企業在自己的產品、服務上贏得獨特的競爭優勢和核心競爭力。

著名國際競爭戰略大師邁克爾・波特說：「只有在較長的時間內堅持一種戰略而不輕易發生游離的企業，才能贏得最終的勝利。」事實上，創業成功者和失敗者的重要區別之一就是做事的數量。

創業成功者只做一件事，做深、做透、做專，做徹底，做到盡善盡美，做成絕技，做成專家；而失敗者會做許多事，像猴子掰玉米，做一件丟一件，沒有一件弄懂、弄通、弄明白。結果是什麼都不懂，什麼都不會，說什麼都天花亂墜，幹什麼都一塌糊塗，幾十年一事無成，老之將至還在尋找賺錢項目。

所以，對創業者來說，不管做什麼或者在什麼領域都不是最重要的，最重要的是憑自己的力量去做成功一件事。

11 「書讀得不多沒有關係，就怕不在社會上讀書」

任何一個創業者，無論你學歷多高或是從事多高端精深的行業，都需要具備一定的自學能力。如果你不善於學習別人的長處，並加以總結運用，就永遠都不可能有長進。尤其對於初期創業的人來說，缺少的東西太多，沒錢、沒資金、沒人脈、沒經驗，只有一顆創業的心，這個時候你就應該積累更多的實際經驗，掌握更多的實踐知識。那麼，你首先需要學習成功的人是如何做事、如何賺錢的。當然，與此同時，你要有這個思維，更要具備這個能力。

馬雲就曾說過：創業者最好的大學就是社會大學。他還認爲：初中生創業也不錯。因爲，一般來說，初中生在社會創業大學中學到的東西比別人更多，但是學習一定要總結，不總結也不行。

馬雲說：「拿到了博士證，只不過是真正的生活考試的開始。我覺得我蠻欣賞一個博士生能夠降低自己去做某件事情，因爲有時候很多人因爲學歷高，不一定能把自己沉下來做事情，我覺得博士生比研究生也就多做了三年模擬題，研究生也只是比本科生多做了兩年模擬題……」

技術經驗，學歷，這些都不是創業必須具備的條件，如果這些都有就不叫創業了，應當叫投資或守業！一個致力於開創一番事業的人，關鍵是要有進取心，然後加上個人的學習能力、勇氣與毅力、敏銳的判斷力與果斷的決策能力，這樣的人，即使不是高學歷，也同樣能取得創業的成功。

馬雲說：「學者型的創業者往往都要面對同一個問題，他們總是從宏觀推向微觀，根據這個國家甚至國際經濟走勢來預測出一些創業方向。這個東西特別學術化，往往是我聽得很激動但我不知道怎麼幹。實際上有的時候大勢好未必你好，大勢不好未必你不好。」

創業以人爲本，不停地把自己打磨成什麼樣的人，有一天就能成就相應的大業。千金尚可散盡，技術也不一定常新，經驗更可能是老生常談。只有不停地行動，不停地吸取新知識，緊跟時代步伐，才能成就你的事業！

第七課

創業者要有吃苦二十年的心理準備

1 不支持大學生創業

時下，針對大學生創業，國家、地方都端出了不少優惠和鼓勵政策。但遺憾的是，即使如此，多數大學生創辦的企業仍是以失敗告終，剩下的也只是勉強維持。

就此現狀，馬雲曾在一個訪談節目中說過，不僅大學生創業難，創業對所有人來說都很艱難。什麼是創業？創業就是一百個創業者中，有九十五個你不知道他們是怎麼死的，你甚至不知道有這九十五個人創業過，剩下的五個裏，有四個是你看著死掉的，最後只剩下一個站在那裏，不是因爲他能幹、勤奮，而是因爲其他的一些原因。

因此，作爲中國的創業帝王，馬雲並不鼓勵大學生創業。他說：「我不希望大學生創業。很多人都在提比爾・蓋茲創業成功，提馬克・扎克伯格創業成功，但全世界像這樣成功的就這麼兩個人，那些倒下的無數人你們連看都沒看見。」

的確如此，大學生空有創業熱情，但由於經驗欠缺、能力不足、意識偏差等原因，創業成功率明顯偏低。因此，大學生創業要想少走彎路，必須具備以下硬體：

第一，**創業知識的儲備**。很多大學生容易陷入眼高手低、紙上談兵的誤區，他們長期待在校園裏，對社會缺乏瞭解，特別在市場開拓、企業運營上經驗相當匱乏。因此，大學生創業前要有充分的準備，一方面，可以靠在企業打工或者實習來積累相關的管理和行銷經驗；另一方面，也可以參加創業培訓，以此積累創業知識，接受專業指導，爲自己充電，從而提高創業成功率。

第二，**資金的準備**。俗話說，巧婦難爲無米之炊。創業的項目選好了，創業的熱情也有了，甚至連創業最初的規劃都做好了，但是沒有資金，再好的創意也難以轉化爲現實的生產力。

有近一半的大學生認爲，「資金是創業的攔路虎」。因此，解決資金問題是大學生創業的首要問題。當然，在獲取資金之前，首先得明白自己需要多少資金，如何獲得資金，資金的來源管道有哪些。

創業者必須具備一定的商業概念，是選擇債權作爲資金來源，還是選擇股權作爲資金來源，用什麼東西給你的投資人作保障，這些基本問題將決定創業的前期是否成功。

第三，**技術和興趣**。用智力換資本，這是大學生創業的特色。一些風險投資家就是因爲看中了大學生所掌握的先進技術，才願意對其創業計畫進行資助的。因此，打算在高科技領域創業的大學生，一定要注重技術創新，努力開發具有獨立知識產權的產品，這樣才能吸引投資商手中的資金。

第四，**個人能力**。創業是一個由簡入繁的過程，比如，剛開始缺乏對市場的判斷力，那麼就應該從簡單的市場做起，積累經驗。大學生在技術上出類拔萃，但理財、行銷、溝通、管理方面的能力卻普遍不足，不熟悉經營的「遊戲規則」。要想獲得成功，創業者除需具備很強的執行能力之外，還要有基本的商業能力。

第五，**人脈網路的擴充**。想要創業成功，不是你有能力或你有經驗就足夠了。有能力和經驗是你創業成功的必備條件，但更重要的是要有關係！一般來說，學校只是一個學習交流的平臺，很少有大學生會在學習期間去擴展自己的人脈圈。但當你離開學校、走上社會的時候，積累並擴展自己的人脈圈，便是一個至關重要的問題。

第六，**具備能承受失敗的心理素質**。有句話說：「抱最大的希望，盡最大的努力，做最壞的打算。」經商屬於一種風險投資行爲，當我們已經具備了「抱最大的希望，盡最大的努力」的心態，也一定不要忘了「做最壞的打算」。比如，我們做任何一件事情之前首先要考慮好，如果這件事情全部弄砸了，對我們會造成怎樣的影響？我們是否能夠承受最壞的結果？

如今的創業市場雖然商機無限，但對資金、能力、經驗都有限的大學生創業者來說，並非「彎腰就能拾到地上的財富」。因此，我們首先要具備能承受失敗和打擊的心理素質，而不是一開始就幻想著創業成功後的美好藍圖。

馬雲在回顧他的經歷時說：「我在工作之前被拒絕了三十多次，當兵被拒絕了，當警察被拒絕了，去肯德基被拒絕了，去賓館當服務員也被拒絕了，這無數次的拒絕讓我懂得了很多道理。大學生所追求的不應是創業成功，而應是學習創業的精神，瞭解創業過程的艱難，積累各種各樣的關係。」因此，那些希望創業的大學生們，如果把以上的硬體都準備齊了再去創業，成功的機率就會高許多。

2 創業每天面對的是困難和失敗，而不是成功

剛開始創業的人，總是會幻想自己成功那一天是什麼樣子，結果就忽視了創業過程中可能遇到的種種問題，最終不可避免地走向失敗。針對這種現象，馬雲曾經忠告所有創業者：「創業者要永遠告訴自己一句話——從創業的第一天起，你每天要面對的是困難和失敗，而不是成功。」

一份調查資料顯示，在中國創業失敗的人數占所有參與創業人數的百分之八十五，可見，創業的過程就是面對困難和失敗，以及戰勝困難並堅持的過程。一個人既然選擇了創業，雖不是非要置之死地而後生，但這種心理準備還是要有的。

馬雲說：「如果你沒有做好在創業路上摔一百個跟頭的準備，你就不要創業；如果你沒有做好無數次被拒絕甚至被嘲諷的準備，你就不要創業；如果你沒有做好『被全世界人拋棄』的準備，你就不要創業。」

一九九五年，在馬雲創辦中國黃頁期間，中國還沒有開通互聯網，人們對互聯網還一無所知，中國政府還沒有決定是否要加入這個資訊高速公路。

而當時的馬雲和他的幾個合夥人，憑著幾張美國寄來的打印紙和一個美國電話，來

向人們兜售一種在國內還看不到的商品。這樣是很難讓客户信服的，所以有人懷疑這些打印紙是馬雲他們自己在電腦上製作出來的，並非來自於互聯網。於是，有人懷疑馬雲是個騙子。

儘管馬雲是真誠的，儘管馬雲在老老實實地做生意，儘管馬雲在不辭勞苦地義務宣傳互聯網，但他還是不能被人理解，還是一次又一次地被人當成騙子。也許是因為馬雲太超前了，也許這就是一個網路先鋒、一個互聯網開拓者必須付出的代價。

另外，由於資金匱乏，公司舉步維艱，為了尋找資金，馬雲費盡了心機。一九九五年下半年，五個深圳老闆主動到杭州找到馬雲，說願意出資二十萬元做黃頁的代理。馬雲一聽，立刻將公司模式、技術支援和盤托出。老闆們聽完還是沒弄明白，馬雲便派技術人員到深圳，晝夜不停地為其建立系統。老闆們終於滿意了，便通知馬雲說他們會在三天後到杭州簽合同。馬雲苦等了三天，卻音信全無，一再催促之下方才得知，老闆們剛剛開過新聞發佈會，拿出來的東西與黃頁的一模一樣，馬雲這才知道自己受騙了。「當時真受不了，但我還是把它扛下來了。」事後馬雲這樣說。

在創業路上，馬雲就是這樣不斷地摔跟頭，再不斷地爬起來。不管有多少損失、多少委屈，也不管有多大打擊、多大壓力，馬雲都扛了下來。他和他的創業團隊經受住了一次次磨難和考驗，不斷成長，並逐漸走向成熟。

馬雲回首自己的創業經歷時說：「從創業的第一天起就要有這個心理準備：每天都要思考自己未來的十年、二十年要面對什麼。要記住，你碰到的倒楣事，在這幾十年遇到的困難中，只不過是很小的一部分。創業的過程雖然有很多痛苦，但只要克服了這些困難，你就會獲得最終的成功。到時候你就會說：我奮鬥過了，我得到了快樂。」

現在，大家看到的都是阿里巴巴光輝燦爛的一面，卻不知道馬雲和他的團隊在創業的過程中付出了多大代價。馬雲說：「我們阿里巴巴所經歷的，大家看到的輝煌只占百分之二十，艱難達百分之八十。這五六年以來，我們都是伴隨挫折一路走過來的，沒有輝煌的過去可談。」

比如，二〇〇一年全球互聯網進入「寒冬」，美國的納斯達克市場持續下跌，全球網路泡沫逐漸破滅，國內大批ＩＴ企業紛紛倒閉，阿里巴巴這個本身就「年幼體薄」的小公司更是遭受到嚴重的打擊。但馬雲始終笑對困難，他認爲創業就像人生一樣，最重要的是你經歷了什麼，而不是獲得了什麼，只要自己永不言棄，就會有希望。於是，阿里巴巴以「贏利一元錢」爲目標「活了下來」。

面對困難，馬雲看得很開，他說：「人生是一種經歷，成功的意義在於你克服了多少困難，經歷了多少災難，而不是取得了什麼結果。我希望等我七八十歲的時候，我跟我孫子說的是，爺爺這輩子經歷了多少，而不是取得了多少。」而這種心態，也是所有創業者應該具備的。

在創業之前，如果你的眼中只看到了光明的未來，而沒有足夠的抗打擊能力、抗失敗能力、承受各種挫折和委屈的能力，那還是不要開始爲好。要知道，人生之路正如松下幸之助所言：人的一生，總是難免有浮沉，不會永遠如旭日東昇，也不會永遠痛苦潦倒。作爲一個創業者，必須以率直、謙虛的態度，樂觀地向前，始終把接受失敗、克服困難當成迎接成功的最佳磨煉！

3 跌倒了爬起來，再跌倒再爬起

大部分創業者的創業之路都不會一帆風順，難免會遭受挫折和失敗。有些人一遭遇挫折、失敗就會告訴自己：「我已經嘗試過了，不幸的是我失敗了。」從此一蹶不振，或者不敢再作嘗試；而那些勇於嘗試、遭遇失敗依然信心堅定的人，在一次又一次的挫折面前，總是會對自己說：「我不是失敗了，而是還沒有成功。」

馬雲說：「我相信，只要永不放棄，我們還是有機會的。」正如他所說，他的創業路也是經過了一波三折，幾經彈盡糧絕的危機，但最後還是堅持了下來。

誠然，一個人在剛剛受到某些打擊的時候，是會格外消沉的。在那一段時間裏，你會覺得自己像個失敗的拳擊選手，被那重重的一拳擊倒在地上，頭昏眼花，滿耳都是觀眾的嘲笑，全身都是那失敗的感覺。在那個時候，你會覺得你再也不想爬起來了，甚至覺得自己已經完全沒有力氣爬起來了！

可是，你必須爬起來。一個拳擊運動員說：「當你的左眼被打傷時，右眼還得睜得大大的，這樣才能夠看清敵人，才能夠有機會還手。如果右眼同時閉上，那麼不但右眼要挨拳，恐怕連命也難保！」

另外，當你失敗的時候，必定有許多觀眾喝倒彩。這個時候，要想擺脫觀眾的嘲笑和失敗的恥辱感，你就得再度睜開眼睛，慢慢恢復體力，撫平創傷，然後繼續。

美國百貨大王梅西一八八二年生於波士頓，年輕時出過海，後來開了一間小雜貨鋪，然而鋪子很快就倒閉了。一年後，他另開了一家小雜貨鋪，卻仍以失敗告終。

當淘金熱席捲美國時，梅西在加州開了個小飯館，本以為為淘金客供應膳食是穩賺不賠的買賣，豈料多數淘金者都是一無所獲，什麼也買不起，這樣一來，小飯館也倒閉了。

回到麻塞諸塞州之後，梅西滿懷信心地做起了布匹服裝生意，可這一回他不光倒閉，而且徹底破產，賠了個精光。不死心的梅西又跑到新英格蘭做布匹服裝生意。

這一回他時來運轉了。頭一天開張時，他的帳面上只有十一點零八美元的收入，而現在位於曼哈頓中心地區的梅西百貨已經成為了世界上最大的百貨公司之一。

失敗了一定要再爬起來！成功者和失敗者非常重要的一個區別就是：失敗者總是把挫折當成失敗，因此每次挫折都會深深地打擊他追求勝利的信心；成功者則是從不言敗，他把失敗當成再次奮進的動力。

如果你想成功，就要去拼搏；如果你想成功，就要去奮鬥；如果你想成功，跌倒了，請爬起來！古語有云：「鍥而捨之，朽木不折；鍥而不捨，金石可鏤。」你在遇見挫折時，要把它當作對你的考驗，一笑而過，重新樹立信心，繼續拼搏，跌倒了，爬起來！再跌倒，再爬起！只有這樣你才能贏來真正的成功！

4 最大的失敗就是放棄，堅持到後天就會贏

人這一輩子，總要經歷一些風風雨雨，遇到各種各樣的情況，遭遇挫折、失敗也是非常正常的事。可有些人，就如溫室裏的花朵般經不起打擊，一旦遭遇挫折就一蹶不振，整日渾渾噩噩、自我麻痹。殊不知，所有的失敗都是有辦法應對的。一個人若只因一次失敗就失去了希望，放棄了追求，那成功永遠都不會青睞他。

遭遇失敗不是世界末日，因此而一蹶不振、迷失自我只能體現出你的懦弱。要知道，所有的挫折、失敗都是有應對措施的，只要在遭遇挫折以後，儘快從惋惜和痛苦中走出來，找到失敗的原因並加以修正，走在前進途中的又會是一個全新的、優秀的你！

馬雲在剛開始創業的時候，也是舉步維艱。第一次創立海博翻譯社，頭一個月的全部收入才七百元，而當時每個月的房租就是兩千四百元。好心的同事、朋友都勸馬雲別瞎折騰了，就連幾個合作夥伴的信心也產生了動搖。但是馬雲沒有想過放棄，為了維持翻譯社的生存，馬雲開始販賣內衣、禮品、醫藥等小商品，跟許許多多的業務員一樣四處推銷，受盡了屈辱和白眼。

整整三年，翻譯社就靠著馬雲推銷這些雜貨來維持生存。一九九五年，翻譯社終於開始贏利。現在，海博翻譯社已經成為杭州最大的專業翻譯機構，雖然不能跟如今的阿里巴巴相提並論，但是海博翻譯社卻在馬雲的創業經歷中畫下了重重的一筆。

第二次創業時，馬雲和朋友一起湊了十萬元，做了一個網路黃頁網站。很多人都說，做網路公司，沒個幾百萬是玩不轉的。對於中國黃頁來說，資金也的確是創辦初期最大的問題。由於開支大，業務又少，最淒慘的時候，公司的銀行帳戶上只有兩百元餘額。但是馬雲以他不屈不撓的精神，克服了種種困難，把營業額從零做到了幾百萬。

第三次，也就是大家最熟悉的阿里巴巴網站，在創業初期也是相當艱難的。那時，每個人的工資只有五百元，公司用於開支的每一分錢都恨不得掰成兩半來用。外出辦事，也是發揚「出門基本靠走」的精神，很少搭車。據說有一次大夥出去買東西，東西太多，只好搭車，在等計程車的過程中，他們拒絕了先來的一輛桑塔納，而一直等待夏利，因為夏利每公里的費用要比桑塔納便宜兩元。

甚至有一段時間，阿里巴巴網站因為資金困難，到了幾乎維持不下去的地步。但是，由於馬雲和他的創業團隊的不懈堅持，最終他們成功締造了中國互聯網史上最大的奇蹟。

馬雲說：「今天很殘酷，明天更殘酷，後天很美好，讓我們努力奮鬥來迎接後天的輝煌吧！」由此看來，在創業過程中，失敗、挫折是不可避免的，我們要堅持、再堅持，經過今天的努力和明天的更加努力，方可迎來後天的成功。

5 保持樂觀不抱怨，永遠把自己的笑臉露出來

馬雲說：「這麼多年來的創業經歷，和這麼多朋友一起交流，我發現，悲觀的人是不可能成功的，悲觀的人是不能去創業的。」

事實正是如此，很多人在創業的過程中一遇到困難、挫折便開始抱怨自己機遇不好、沒有人支持、資金不足等等。他們整天把自己關押在自己的煉獄中不得開心，同時也失去了創造奇蹟的動力和信心。

事實上，沒有哪個成功者能夠一帆風順地達成自己的目標，越是遭遇打擊就越該打起精神來面對，老話說得好：「黯然神傷時，則所遇儘是禍；心情開朗時，則遍地都是寶。」

因此，真正有擔當的人，他們在遇到挫折時，總是表現得不慍不火，也不會不停地向周圍的人抱怨自己有多麼不幸；他們可能會比平常要沉默一點，但其追求理想生活的信念從未消失；他們始終堅信，一切都會好起來的，總有一天自己會走出低谷。而事實也往往如此，只要你堅持自己的信念，成功終會到來。

阿里巴巴剛創立的時候，除了沒有贏利，連工資都是大家一起湊錢發的。那個時

候，員工們都很沮喪，他們甚至覺得阿里巴巴不像個公司。

二〇〇一年，受世界經濟衰退及ＩＴ泡沫破滅的影響，中國的互聯網行業跌入低谷。這一時期，一些知名互聯網公司，如新浪、網易的處境都很艱難，八八四八網站甚至被法院查封，而一些還未成氣候的公司也大批大批地夭折。

即使是在這樣艱難的境況下，馬雲也依然堅持認為，人生中總是要有一些狂熱的夢想來鼓舞自己，做阿里巴巴不是因為它有一眼可見的前景，而是因為它是一個不可知的巨大夢想。

二〇〇二年是網路泡沫破滅最為徹底的時期，馬雲將阿里巴巴當年的發展主題定位為「活著」，他希望公司員工能夠堅持下去，等待來年春天的到來。就在這個時候，他們收到了很多小企業客户的感謝信，裏面寫著：阿里巴巴，因為有你們，我們才拿到了訂單，招到了新員工，擴大了公司規模。馬雲説：「這讓我覺得，假如今天我能幫十家小企業，將來就能幫一百家，未來還有十萬家在等著，這個市場一定存在。」

就在同年年底，阿里巴巴不僅奇蹟般地活了下來，還實現了贏利。

在阿里巴巴最艱難的時期，馬雲和他的團隊依然保持著樂觀的態度，他說：「那時我們每編輯一條資訊，都在告訴自己，也許這條資訊能夠救一個客戶，能夠救一家企業，也許淘寶的這一個訂單能夠幫一個人改變他的生活。」也就是因爲這些自我安慰、自我鼓勵和堅持，才讓他們挺過了一個又一個難關。

正如馬雲說的：「樂觀不僅是自己安慰自己，左手溫暖右手，而且還能把自己的快樂分享給別人。創業者不僅僅要讓自己快樂，還要讓別人快樂，要讓別人感到有價值。讓別人有價值的人，路才能走得遠，走得久，走得踏實，走得舒坦。」

是的，人們常說，當上帝爲你關上一扇門的時候，可能他又給你打開了一扇窗。但在創業的過程中，他更有可能在你倒下後才會打開那扇窗，而你是不是能夠堅持到最後，恰恰取決於你對待挫折和困難是否保持著樂觀的心態。

當然，這並不是要你盲目樂觀，你要抱有成功的信念，但更要敢於面對最殘酷的事實。只有這樣，你才能克服和解決在創業過程中遇到的種種困難，最終迎來黑暗之後的黎明。

6 胸懷是委屈撐大的

無論是在電視訪談節目中，還是在網路成功人物排行榜上，我們看到的馬雲都是風光無限的。他一度被人們尊爲心中的「創業教父」，被包括哈佛、史丹福、北大等眾多世界名校請去演講，被布雷爾、柯林頓等政界名流邀請共進午餐，甚至還上了《富比士》雜誌的封面，這些都爲馬雲籠上了一層耀眼的光環。

殊不知，每一個成功人士都是經過心酸和淚水、委屈和痛苦浸泡的，馬雲也不例外。

為了生存，為了長遠發展，為了得到資金支持，也為了背靠大樹好乘涼，一九九六年年初，馬雲決定讓中國黃頁與西湖網聯合資。中國黃頁占三成的股份，西湖網聯所屬的南方公司占七成的股份。在合資後的股份公司中，馬雲仍出任總經理，但大股東是南方公司。

有了資金支持的中國黃頁業務擴展大大加快，到了一九九六年底，中國黃頁不但實現了贏利，營業額還突破了七百萬。

可是好景不長。幾個月後，馬雲帶人到外地拓展業務，回來後發現情況大變。南方公司註冊了一家自己的全資公司，名字也叫「中國黃頁」。

為了利用中國黃頁已有的品牌聲譽，南方公司建立了一個名為「chinesespage.com」的網站，和中國黃頁的「chinapage.com」相近。於是，杭州有了兩個「中國黃頁」。

新黃頁利用老黃頁之名開始分割老黃頁的市場，兩家黃頁同城操戈，自相殘殺。做一個主頁，你收五千，他就收一千。這時，馬雲才知道自己又上當受騙了，他說：「因為競爭不過你，才與你合資，合資的目的是先把你買過來滅掉，然後再去培育它自己的百分之百的全資黃頁。」悲憤至極、委屈至極的馬雲，為了保住黃頁，並迫使對方關掉新黃頁，憤然提出辭職。

離開黃頁對於馬雲來說，不啻於自斷其臂。畢竟，中國黃頁曾是他所有的事業和未來，是他全部的希望和夢想！

雖然遭此重大挫折，但馬雲沒有因失敗而自暴自棄。創業以來，他承受的各種白眼和閉門羹難以計數，他說：「這些事太多太多了。每次打擊，只要你扛過來了，就會變得更加堅強。我又想，通常期望越高，失望就會越大，所以我總是告訴自己明天肯定會倒楣，一定會有更倒楣的事情發生，那麼如果明天真的有打擊來了，我就不會害怕了。你除了能重重地打擊我，還能怎樣呢？來吧！我都扛得住。抗壓能力強了，真正的信心也就有了。」

作爲一個創業者，馬雲受了太多的委屈，他經受著朋友的誤解，忍受著「騙子」的罵名，遭受到小人的欺騙……當然，不僅僅是馬雲，許多創業者都在他們的創業之路上遇到過這些挫折、失敗、痛苦和委屈。有些創業人士因爲不堪忍受而過早放棄，並以失敗告終；只有那些堅持下來的人，才能取得最後的成功。

一個人從創業到成功，往往要經歷無數的艱辛、苦難、挫折和失敗。把這所有的酸甜苦辣、彈痕傷痕、淚水和汗水、委屈和打擊都克服了，你也就距離成功越來越近了。

所以，今天那些準備踏上自己的創業之路的人，最應該記住的就是馬雲的那句話：「人的胸懷是委屈撐大的！」

7 成功是熬出來的

人們常說，成功沒有捷徑，是一步一個腳印走出來的。事實也確實如此，馬雲在經歷過大起大落後這樣說：「今天很殘酷，明天更殘酷，後天很美好，但是絕大部分的人是死在明天晚上。所以，每一個人都不要放棄今天。」

有人說，馬雲的成功是因爲他善於抓住機遇。但是抓住了機遇還要能夠堅持下去才能真正取得成功。

就拿馬雲當年遭遇互聯網泡沫的時候來說，面對困境，那時的互聯網公司轉行的轉行，倒閉的倒閉，即使堅持下來的爲數不多的幾家也終日戰戰兢兢，甚至都不敢說自己是互聯網公司。馬雲卻依舊不改初衷，他堅持認爲電子商務事業最終會主導整個世界的新網路經濟體系。

馬雲說：「ＩＴ人最重要的是不放棄，放棄才是最大的失敗。放棄是很容易的，但從挫折中站起來是要花很大力氣的。結束，一份聲明就可以了，但要把公司救起來，從小做到大，要花多少代價？英雄在失敗中體現，真正的將軍在撤退中出現。」

的確，在最艱難最殘酷的時候，放棄是很容易的，而且也確實有很多網站放棄了，但馬雲卻頑強地堅持了下來，最終帶領阿里巴巴走向成功。

回首我們身邊，那些失敗者和成功人士最大的不同點就是，失敗者遇到困難常常像鴕鳥一樣想著退縮、逃避，而成功者卻會尋找各種各樣的應對措施去解決和克服困難，經過不斷的打拚和煎熬，最終獲得了成功的眷顧。

成功不是一件輕而易舉的事，但也並非遙不可及。古人早就說過：要以苦作舟。吃常人吃不了的苦，忍受常人難以忍受的磨難，這才是成大器的途徑。其實每個光彩奪目的人的背後都有一部辛酸的血淚史，只是他們成功的光環籠罩了一切，使你看不到他們背後的陰影。

如果你想成功，那就熬！熬過了寒冬，就是春天；熬倒了別人，你就可以摘到勝利果實。一個合格的創業者，爲了他的夢想，是沒有時間抱怨壓力、找捷徑的，他只有全力以赴地想辦法解決問題，並信心堅定地迎接下一次壓力的到來；一個真正有作爲的人，肯定是在經歷了無數次跌倒後又重新站起來的人。破繭成蝶並不是一朝一夕能做到的，只有那些無論中途遇到怎樣的大風大浪，依然堅定不移、堅持不懈的人，才能最終成就自己的夢想。

8 正視失敗，在失敗中尋找成功的方法

有人說：「失敗是一根繩子，有的人把它當作自縊的工具，有的人卻用來繼續攀爬更高更陡的山峰。」

對於一個創業者來說更是如此。失敗本身並不可怕，可怕的是我們面對失敗時逃避、悲觀的心態。因此，只要我們能夠正視失敗，從失敗中吸取經驗教訓，就能讓失敗孕育出成功。

所以，當有人請教馬雲對於成功的看法時，馬雲是這樣回答的：「成功不在於你做成了多少，而在於你做了什麼，歷練了什麼！」企業成功的一個要素就是勇敢接受失敗，並在失敗中尋找成功的方法。

二〇〇六年五月十日，淘寶網推出了歷時半年研發出來的「招財進寶」競價排名服務。它是淘寶網為願意通過付費推廣而獲得更多成交量的賣家提供的一種增值服務。然而，該服務僅僅推出二十天後，就有六千多名賣家在網上簽名，聲稱要在六月一日集體罷市。

這項服務不僅沒有獲得人們的認可，還釀成了一次大風波。馬雲對此事非常重視，他立即發表署名文章，就淘寶和淘友們溝通上存在的問題向賣家們道歉。與此同時，淘

寶網還對「招財進寶」的價格進行了調整。

他聲明，三年不收費的承諾不會改變，「招財進寶」並不是為了收費。當時，淘寶上有兩千八百萬件商品，且預計不久後會漲到五千萬件，如果按照商品的上線時間來決定商品位置的話，那麼後上線商品的交易機率將大大降低，淘寶希望通過這一服務維持正常的市場秩序，用這隻「看不見的手」調節優化市場環境。

終於，在馬雲誠摯的致歉和切實的挽回措施之下，這一事件得以平息。

馬雲說：「阿里巴巴最大的財富不是我們取得了什麼成績，而是我們經歷了這麼多失敗，犯了這麼多錯誤。」馬雲曾經說要爲阿里巴巴出一本書，在書中記錄下阿里巴巴曾經犯過的所有錯誤。

這些錯誤，其實是我們每個人都容易犯的錯誤。而馬雲的可貴之處就在於，他能夠直面錯誤，並找出犯錯的原因，以免重蹈覆轍。這才是馬雲能取得巨大成就的關鍵所在。

創業有風險，這是眾所周知的事情。有些人在創業期間會面臨無數次失敗，甚至傾家蕩產都有可能，但是如果你能夠屢敗屢戰，從失敗中吸取營養和經驗，你的經商能力就會得到提高。逐漸融入經商人士的群體後，你的眼界和經驗也會日積月累，經歷一個量變到質變的突破。這樣，成功也就離你不遠了。

正如馬雲說的，創業就是與失敗、困難爲伍，所以創業者必須正視失敗，同時還要分析失敗的原因，尋找走出失敗的途徑，反敗爲勝。

在競爭日趨激烈和殘酷的現代商業社會中，一個人想要成功，就一定要有承受失敗的勇氣。只要我們願意主動面對失敗，在失敗中不斷地學習，就不會再重蹈覆轍，並能取得最終的成功。

第八課

創業不是一個人的事

1 真正的領導是通過別人拿結果，而不是自己衝在最前面

很多創業者都是從只有幾個人的小公司起步的，甚至最初就是一個人打天下。所以在創業初期，創業者必定是恨不得生出三頭六臂，一個頂幾個地工作，不過這樣的情景是不能持續太久的。馬雲說：「如果你突然發現當了三年領導者後，你的水準還是公司裏最好的，那你根本就不適合當領導者，領導者是通過別人拿成果的。」

這是馬雲對於領導者的見解，也是他多年來管理阿里巴巴所奉行的原則。但要做到這一點，也必定要有過人的胸懷。馬雲說：「只有當下面的人超越你的時候，你才是真正的領導者。」這句話聽來簡單，但是很多人卻會因爲嫉妒心太強而做不到。

在一些企業裏，我們常常能發現上級打壓下級的現象，他們生怕下屬的能力超過自己。但是馬雲卻恰恰相反，他把更多的精力用在了培養能替他「衝鋒」的將領上，而不是自己披甲上陣。

在阿里巴巴的領導班子裏，孫彤宇、李琪和金建杭等就是馬雲一手培養起來的。孫彤宇可以說是追隨馬雲時間最長的人，從一九九六年馬雲做「中國黃頁」的時候起，他就和馬雲風雨同舟、一起創業。在阿里巴巴成立之初，馬雲曾說過：「我們原來的人現在只能當連長、排長，因

爲能力不夠。公司需要師長，需要軍長……」孫彤宇當時就表態：「我們有信心將來變成師長、軍長。我們需要自己變成軍長、師長，每個人都需要成長。」後來，憑藉其自身的努力以及阿里巴巴的精心培養，兩年後，孫彤宇成爲了阿里巴巴的副總裁。

二〇〇三年，在秘密打造淘寶的時候，馬雲又將這個非常重要的任務交給了孫彤宇。孫彤宇成爲了淘寶網的總經理，實現了自己當「軍長」的理想。當時，原本就是中國國內Ｃ２Ｃ線上拍賣領域龍頭老大的ebay網又與易趣合作，成了業界一大霸主。而馬雲卻決定向eBay這個「巨人」挑戰。授命之時，馬雲問孫彤宇：「什麼時候能夠超過易趣？」孫彤宇向馬雲立下了軍令狀：「三年！」

後來不到半年，淘寶就挺進了全球前一百名；到二〇〇五年，淘寶已經佔據中國百分之八十的市場份額，徹底打敗了eBay易趣。孫彤宇圓滿完成了任務。

然而，二〇〇六年，孫彤宇帶領的技術隊伍在淘寶上推出了「招財進寶」活動，結果遭到了市場的強烈抵觸，甚至引發了淘寶店主罷市簽名活動。對此，馬雲的回答是：「無論你作出怎樣的決定，我都支持你！」孫彤宇宣布取消「招財進寶」活動，風波就此結束。

淘寶使孫彤宇真正成長爲了一名合格的「將軍」，這一切都離不開馬雲的培育。現在，孫彤宇又卸去了淘寶的帥印，前去海外學習，準備向更高的山峰前進。

正是在這樣的領導作風的指引下，阿里巴巴才能被打造成一個組織健康的企業平臺，讓每一個員工都富有創業的激情，再加上公平競爭的機會，阿里巴巴成爲了成長最快的企業。

馬雲不僅致力於培養早期和自己共患難的公司老將，即便是其他員工，他也能一一挖掘出他們的特長。

關於挖掘內部人才的問題，馬雲說過這樣一句話：「我是這麼看，永遠要想辦法找到在公司內部能夠超過你的人。在公司內部找到能夠超過自己的人，這就是你發現人才的辦法。如果你找不到，問題一定在你身上，你的眼光有問題，你的胸懷有問題，可能你的實力也有問題。」所以在阿里巴巴，任何一位員工只要被認爲是「可塑之才」，就會得到公司的大力培養和重用。馬雲會給「重點培養對象」提供各種培訓機會，給他們在不同業務部門輪崗的機會，使他們能夠在很短的時間內接觸不同業務，鍛煉各方面能力。讓他們能在不遠的未來，爲馬雲這個領導者打好頭陣。

真正的領導是通過別人來拿結果的，馬雲就是這樣的人。因爲馬雲知道，社會是飛速發展的，如果公司成員停滯不前，必然會被社會淘汰。只有激勵員工不斷地充電、更新，才能夠保證自己在多變的市場競爭中立於不敗之地。

另外一方面，授權能夠爲員工提供學習和成長的機會，從而激勵員工的上進心，使他們在工作中獲得滿足感。如果員工們認爲你爲他們提供了成長機會，他們的鬥志就會被激發出來，然後全身心地投入到工作中去。

2 外行可以領導內行，ＣＥＯ的本事就是會用別人的智慧

相信大家一定都這樣認爲：馬雲創辦的既然是一家跟互聯網有著密切關係的公司，那他的網路技術一定很不錯。但事實上，馬雲是一個十足的外行。馬雲不懂網路，甚至在運用電腦上也只限於收發郵件而已。然而，這樣一個網路「低能」是如何領導龐大的阿里巴巴帝國的呢？馬雲的理論是：外行是可以領導內行的！

早前的ＩＢＭ也曾遭遇過一段「瀕危期」，是臨危受命的郭士納把ＩＢＭ從困境中「解救」出來的。而郭士納和馬雲一樣，不懂電腦，他也從未打算進電腦入門班。但是，就是在郭士納這個外行爲ＩＢＭ掌舵的那九年裏，ＩＢＭ持續贏利，股價上漲十倍，成了全球最賺錢的公司之一。

這是爲什麼呢？馬雲認爲，自己不懂沒關係，但關鍵是要尊重內行。他說：「你可以把最優秀的人先請來。比方說你不懂技術，你可以把最優秀的技術人員請來；你不懂財務，可以把最好的財務官請來；你不懂管理，可以把最好的管理者請來。因爲我不懂，我永遠跟他吵不起架來……只要你有一種胸懷、眼光，你就可以做到。」

其實，外行是完全可以領導內行的。你可以不懂那些專業性的技術，但你一定要懂管理，而

且還要在管理上是一位十足的內行。單憑這一點，你就可以成功地領導內行的任何人。

我們都知道，很多公司並不缺少能人和技術天才，但是公司的發展卻總不見起色，原因是什麼？就是因爲這些公司的大多數癥結問題不是技術性的問題，而是管理方面的問題。這也正是郭士納、馬雲等人敢於領導所謂內行的關鍵因素。

另一方面，當一個外行來領導內行的時候，他往往會用更客觀的視角、更寬闊的視野來分析問題、解決問題。比如在阿里巴巴，馬雲自己是個不懂電腦技術的人，他就會認爲大多數的客戶也是這樣，因而馬雲會要求技術人員將軟體做得越簡單、越容易上手越好。

此外，因爲是外行，作風就更容易民主；因爲不懂，故而能夠兼聽則明。「不懂」並非缺點，精通有時反成局限。對企業家和職業經理人來說，技術背景很重要，但並不是必不可少的，領導能力才是最重要、最不可缺的。

眾所周知，漢高祖劉邦在出謀劃策、保障後勤、行軍打仗等各方面都不如張良、蕭何、韓信這些專家。然而，恰恰就是這個幹不了參謀總長、後勤部長或者軍隊總司令的「外行」，卻能得心應手地駕馭、使用張、蕭、韓等「人傑」，領導這些「內行」破秦、滅項、「取天下」。

作爲領導者，如果你是某個行業的外行，你就要勇於承認，這樣，你方能以一個外行的立場來尊重並領導內行。然而，現在很多創業者失敗的原因就在於自己明明是外行，卻不懂裝懂，自以爲是，從中干涉，最後把內行的人也搞得暈頭轉向，無法發揮正常的水準，或者因爲得不到尊重而自動放棄。

3 馬雲叫自己「首席教育官」

在阿里巴巴任首席執行官的馬雲，在很多媒體或者朋友面前常常自豪地稱自己「首席教育官」。用他的一句話說就是：「阿里巴巴這個平臺，除了要創造財富，還要培養人才。」

他是這麼說的，也是這麼執行的。馬雲管理自己團隊的整個過程都在培養人才。他一直致力於把自己的員工培養成未來能夠獨立創辦、領導、管理一個偉大企業的創業者，馬雲認爲那才是對社會更大的貢獻。

在阿里巴巴內部，馬雲時刻懷著想讓下面的人儘快超越自己的心，正是因爲有這樣的胸懷，馬雲的「教育成果」才如此顯著。在阿里巴巴，馬雲大膽讓員工獨當一面，充當「封疆大吏」，就是爲了讓手下的團隊儘快地超越自己。他用人的原則只有一條，那就是看你的品質、能力，還有你的成長速度。馬雲心裏很清楚：「只有當下面的人超越你的時候，你才是真正的領導。」

「未來幾年我就是要做這件事，就是要當老師這個角色，這樣更能夠發揮我的作用，也更能發揮阿里巴巴的作用。如果未來能做成這個事，那我這輩子就沒有白活，阿里巴巴也沒白做。」所以，馬雲爲阿里巴巴提出的口號是：阿里巴巴要成爲未來企業發展的黃埔軍校，要成爲未來企業家的搖籃。

馬雲創業的十年，不僅是他創造財富的十年，也是他培養優秀人才、打造優秀團隊的十年。沒有一個具體的數字能夠說清在這個過程中，馬雲到底培養了多少人才，但是，馬雲把阿里巴巴變成了一個大熔爐、一口高壓鍋、一所大學校，並盡力爲阿里巴巴、爲中國企業培養人才的事實，卻是有目共睹的：阿里巴巴的「四大天王」，每人至少能夠管理一千億人民幣以上的資金；「八大金剛」每人能管理五百億；「十八羅漢」每人管理三百億；「四十太保」至少十個億。而這些，也正是馬雲所引以爲豪的。

在阿里巴巴尚顯稚嫩的時候，在殘酷的市場競爭中，馬雲親手把行銷行動的決定權交到了李琪手上。當時，身爲「十八羅漢」之一的李琪是阿里巴巴技術副總裁，之前從未做過銷售。那馬雲爲什麼會選擇李琪呢？李琪自己如此解釋：「以前沒做過銷售，後來發現很有意思。讓我負責，可能是馬雲覺得我不僅懂技術，而且腦子靈活。」

相信馬雲看中的就是李琪的聰明，因爲當時阿里巴巴的大多數人都沒做過銷售，無論把這一重擔交給誰，都將會是一個漫長的培養與教育的過程。選擇李琪，是因爲馬雲覺得他是最有可能成爲銷售精英的「可塑之才」。

馬雲敢於點將，而李琪也沒有辜負馬雲的期待，在這場生死戰中贏得了頭彩。正是由於這場行銷戰的勝利，阿里巴巴才駛上快車道，開始了快速發展。

馬雲說：「中國人要創辦全世界最優秀的公司，前提是必定要具備一個偉大公司所必備的胸懷、眼光以及全球化視野，擁有一支全世界最優秀的管理團隊。阿里巴巴除了一如既往地提升自己和引進外部人才之外，還將大力推進『走出去』的人才戰略部署。」於是，馬雲爲了能夠使高級管理人員得到各個方面的鍛煉，還將高級管理人才對調。

在阿里巴巴剛上市不久的二〇〇七年十二月份，阿里巴巴集團的高級人才陸續前往海內外著名商學院學習提升，並更充分地與行業內外的優秀企業、企業家進行了交流溝通。

馬雲的做法，對所有企業的領導人來說都是值得效仿的。只有注重人才培養，企業家的成長才會有根基，企業的發展、壯大才算找對了源泉。但是，相當一部分民營企業屬於機會導向型，因此重視企業的發展，輕視人才的培養。這是典型的短視行爲，雖然一時的效益可能較好，但長期來看後勁不足。

另外，還有些企業，表面看來也算重視人才，但他們不是對內部員工加以培養，而是大量地引進「空降部隊」。事實證明，「空降兵」的成功機率非常低。這裏的原因很多，比如：創業者對「空降兵」寄以過高的希望，希望他能夠在短期內扭轉局面。但通常來講，這是不現實的。

所以，剛剛創立的企業在培養人才的時候，最好將內部培養與外部引進結合起來。從外部引進的，應將最高級別限制於中層管理者，如部門經理，而後再在企業內部進行系統培養和考察，從中發現優秀人才，逐步將其升至高級管理崗位。這就要求企業在度過生存階段後即著手引進除財務、人事之外的部門級職業經理人，爲以後的發展打好基礎。

具體做法是：一、搞好內部培訓。內部培訓主要是對員工進行價值觀、職業道德、技術技能水準等方面的培訓，以全面提高員工的工作素質和技術，這也是企業長遠發展的保證。二、立足內部挖潛。每一個企業內部都有人才，而且是最適合自己的人才，就看創業者能不能把他們挖掘出來，並提供良好的工作平臺。三、企業要不斷有吸引員工競聘的提升目標。競聘最主要的原則是通過比成果、比實施方案，使參與者首先完成自己和自己的競爭；創業者也要以身作則，樹立榜樣，要不斷地學習，在企業中營造學習的氛圍並建立激勵學習的制度。

企業領導者只有大力開展企業員工的內部培養，多在內部發掘人才，才能激發企業活力、完善企業制度。馬雲做「首席教育官」的目標，值得每一位企業領導者學習。

4 尋找共同成長的合作者

馬雲認為，在創業初期，與那些沒有成功卻渴望成功的人一起合作才是最好的。他說：「不要把一些成功者聚在一起，尤其是那種三十五歲到四十歲的已經有了錢的這些人，他們已經成功過了，所以想再在一起創業會很難。」

然而，很多創業者在選擇人才時還是有一個誤區，他們認為最有能力的人，或者有某些專長、能和自己優勢互補的人才更能為自己創造價值。於是，懂技術的便找個能夠出資的合作；擅長管理的就找個會做市場的合作；做銷售的就找個有項目的合作……當然，能選擇這種有互補優勢的合作人非常好。只是，有時候人們一味地看重合作人的才能，而不是人品和能夠長期與你同甘共苦的耐力，這讓很多初期涉足商場的投資人吃了不少虧。

我們常常看到企業裏出現這樣的現象，原本創業中的合作人各具所能，並且也走到了一起，但總是不知道如何融匯到一起，彼此「捏不攏」。於是，有些企業項目沒選錯，合夥人的能力也都夠強，但是卻只做了兩三年就垮掉了。雖然，這其中也存在機制問題，但絕大多數還是因爲合作夥伴之間的感情用事，沒有把企業的發展作爲長遠目標去對待而導致的問題。

中國有句老話，小勝憑智，大勝靠德。創業選夥伴，首先要看這個人是否有德。只有有德的人才能夠至始至終和你長期作戰、共同成長。

我們知道，馬雲能夠取得今天的成就，絕不是憑他一個人的能力。當初，從北京打道回府，在杭州的湖畔花園，馬雲和他的十八個合夥人，你一萬他五萬地出資創辦了阿里巴巴。從那時開始，他們潛心打造，終於做出了一個令業界都爲之驚詫的電子商務網站。並且，在這之後，他們更是爲了「做一〇二年的企業」的共同目標同舟共濟、盡心盡力，一次次地戰勝困難，創造出驚人的成績。

由此看來，找合夥人對創業而言非常關鍵。你絕不能只憑自己的感覺辦事，也不能只是抱著試試看的態度，你一定要謹慎從事。如果你創業的立場已經十分堅定，並且你已經有了同別人愉快合作的心理準備，那麼在選擇創業合夥人的時候，你必須考慮以下幾個方面：

首先，你要選擇一個和你有著共同夢想，並且能夠把企業的長遠發展作爲目標的合夥人。一般來講，大家創業合作，企業規模小時爲的是賺錢，壯大後爲的是做得更大更強的夢想。但小的時候有一個賺錢分配的標準問題，大的時候有一個管理控制手段的基調問題和如何進一步發展的目標問題，這些問題都很複雜。

作爲一個企業，如果沒有人以企業的經營發展爲工作內容，缺乏凝聚員工的團隊文化，沒有團隊的共同目標，這樣的企業文化是無法支撐企業長期發展的。

其次，你必須仔細考慮你的合夥人是否能和你一起承擔創業的風險。當然，所謂的承擔風險不僅僅單指經濟上的風險，還包括合夥人是否能夠和你一起直面在創業過程中遇到的困難，並且用一種冷靜的態度去解決困難。

如果你選擇的合夥人已經具備了以上兩點，這個時候，你就該考慮你的合夥人的性格是否適合和別人並肩創業。一般來說，獨立創業是一個人來承擔各種風險，並且也是一個人說了算。而在合夥的企業中，合夥人都是老闆，你們的地位平等，不能一家獨大。在合夥企業中，合夥人之間的關係與老闆和雇員之間的關係不同，合夥人之間一定要彼此尊重、互相諒解、相互信任。

合夥人之間的關係比我們普通人之間的關係更複雜，更難以處理。所以，對於那些性格上存在這樣那樣的問題，尤其是不善於跟別人合作、缺少團隊精神的人，最好不要與其合夥創業，否則，等待你們的就只有一個結果：失敗！

最後，也是非常關鍵的一點，你必須考慮你能夠從你的合夥人那裏得到些什麼，你又能爲你的合夥人提供些什麼，你們彼此之間是不是能夠形成一種互補關係。

你應該清楚地知道，你需要從你的合夥人那裏得到的是資金、技術、關係、銷售網路、土地、經營場所，或者是其他經營的時候必須具備的東西，而這些又是單憑你自己一時難以解決的。如果你對這些問題已經非常清楚了，那你就可以大膽地和他合夥創業了；但如果你覺得對於這些問題還需要再繼續考慮或者觀察，對於合夥人所具備的個人能力和技術實力等方面你還是不放心，那就不要急於與他合作。

總之，創業者一定要注意，選擇合夥人時，一定要把它當作一項重要的工作來做，因爲它關係到你創業的成敗。

5 尋找最適合而不是最優秀的合作夥伴

俗話說，一個籬笆三個椿，一個好漢三個幫。在今天，激烈殘酷的競爭充斥著每個商業角落，在這種情況下，一個人要想靠自己單槍匹馬做點什麼，實在不是一件容易的事。即使你深諳經營之道，但是總會顧此失彼。因此，要想在商界做出點成績，找一個合作夥伴還是非常有必要的。

然而，到底應該怎麼找，或者找一個什麼樣的合作夥伴呢？有人說，找合作夥伴，當然是找聰明的、學歷高的、有能力的，並且在各方面都優秀的！於是很多企業的老闆，在創業初期就開始去大公司挖人，從獵頭公司找人，到名校選人……

事實上，對於這種做法，馬雲並不認可，他說：「創業要找最合適的人而不是最優秀的人。」馬雲本人比較認同等到事業達到一定程度的時候，再聘請一些成功人才充實團隊。馬雲這樣考慮的原因是：這些沒有成功卻渴望成功的人不僅學習能力強，工作激情也很大，容易接受別人給他的意見，所以是合作創業最合適的人。

眾所周知，馬雲創造了互聯網的許多奇蹟，建立了一個世界上最大的電子商務網站。但是這並不是馬雲最得意的地方，馬雲最得意的是他的團隊，是他的用人之道，他把用人看得比融資找錢更重要。爲此馬雲說：「合適的就是最好的，不管你是『土鱉』還是『海龜』，也不管你是『舊臣』還是『新人』。」

馬雲的用人原則就是唯才是舉，只要符合阿里巴巴的發展，就能得到被重用的機會。但有一段時間，馬雲也曾經迷信過「精英」論，要求「凡是做主管以上職位的，必須在海外，如美國、英國等受過三至五年的教育，或工作過五到十年」。二〇〇一年，他更是建立了一個幾乎全部是「海龜」的團隊，全面放棄了「土鱉」。但事實證明，只靠「海外兵團」是不行的。「海外兵團」對中國國情知之甚少，遠不如「本土人才」適合中國市場，於是阿里巴巴的管理團隊又從「海龜團隊」過渡到了「土鱉軍團」，建立了只剩下一個「海龜」的管理團隊。就是這樣一個「土鱉軍團」，在短短的兩年內帶領淘寶打敗了eBay這個「巨無霸」，成就了淘寶在中國的奇蹟。

但是，當阿里巴巴真正需要走向國際市場時，馬雲又發現「土鱉軍團」的戰鬥力遠沒有「海龜團隊」厲害，於是馬雲大力引進國際精英。二〇〇六年，阿里巴巴終於建立了一支不分新老、不分土洋的第一流管理團隊。

企業領導者總希望自己招收到的人才是最好的。其實，有時候最好的人才並不是最適合自己的。所以，作爲領導者有必要反省一下自己在對待人才時存在的問題。

首先，**不要奢望完人**。人才並不是天才，每個人都有缺點，要正視他們的缺點，只要不影響工作，對其身上的「弱點」，就要辯證地加以分析，不要斤斤計較，要大膽使用。

其次，**清醒地認識人才和文憑的關係**。人才不能完全由文憑來決定，文憑和能力之間不能畫等號。即使文憑與其實際知識相符的人，由於用非所學，或者用與學不能夠完全一致，仍然不可簡單地把文憑當作衡量人才的標準。

此外，**人才不一定適合自己的公司**。人才如果不能夠適應自己的公司，同樣不能夠發揮出應有的作用。只有找到最適合自己的人才，才能獲得最大的效益。有的創業者帶領公司越做越大，有的創業者卻使公司奄奄一息，其中一個原因就在於是否用對了人。

還有，**人才不等於全才**。只要有一技之長就是人才，如果想要一個人什麼都會做，什麼都能做，什麼都做好，那是不現實的，也是不可能的。

最後，**人才不是說出來的**。不可否認，口才好也是一種才能。但是，如果事事都「動口不動手」，那絕對不是一個真正的人才所為。當然，那些只知埋頭苦幹、不善言辭的人也不是最好的選擇，最好的就是又能說又能做，二者兼備。

一些企業常常強調需要最優秀的人才，但事實上，企業更需要最合適的人才。就像鞋子，太小了夾腳，太大了會掉，只有尺寸合適，才會感覺舒適。最合適的人才就是最好的，而馬雲正是因為堅持了「創業要找最合適的人」的原則，所以才打造出了一支執行力非常強的團隊。

6 看重策略投資者而不是投機者

大凡做企業的人，都不是一開始就一帆風順、一路坦途，大抵都要經歷一段黑暗時期，諸如，沒錢進行技術改進、缺少運轉資金等。在這個時候，往往會有相當多曾經胸懷大志的企業家「人窮志短」，甚至「給奶就是娘」，只要有投資者主動送錢來，便來者不拒。一九九九年初的阿里巴巴，在夥伴們用「閒錢」湊來的五十萬元人民幣早已花得差不多了之後，無疑正處於這樣的困境中。

當時，中國互聯網一時成了來錢最快的地方，很多所謂的投資者或者說是投機者都想在這一領域撈上一筆。因此，在馬雲家中辦公的阿里巴巴員工，經常會接到各方投機者、投資者打來的電話。

而這個時候的每一個電話對於這些憧憬夢想、渴望成功的年輕人來說，無疑都是一次離成功更近的信號。遺憾的是，馬雲一次次地與實現這些美麗夢想的機會「擦肩而過」。

第一個來找馬雲合作的是一位浙江本地的企業老闆。老闆開門見山：「馬雲，我給你一百萬，你給我每年百分之十的利潤就行，也就是說明年這個時候你要給我一百一十萬，怎麼樣？」馬雲回答：「您真是比銀行還黑！」

剛剛拒絕了這個浙江老闆不久，馬雲又接到了一個投資人的電話。投資經理出了一個價，所謂的價錢就是這個金額占阿里巴巴多少股份。他們表示，如果馬雲同意，他們可以馬上作決定。可是馬雲並不滿意對方提出的股份比例，他強調，阿里巴巴是一個很有價值的東西，言下之意很明白，投資經理們出的錢太少了。

於是馬雲提議停一下，藉口出去後，他問他的合夥人彭蕾：「你覺得怎麼樣？」彭蕾在那時候是管錢的，她清楚地知道阿里巴巴已經沒錢了，所以就說：「馬雲，公司賬上沒錢了。」

馬雲沒吭聲，雖然，是取是捨讓他著實犯難了一陣，但再見到投資方時，他依然堅決地告訴對方：「我們還是覺得阿里巴巴的總價值是我們所認爲的那個，你們的看法與我們差距太大，所以我們無法合作。」

有些人一定很想知道，一個幾乎連員工工資都發不出的CEO，爲什麼還要「打腫臉充胖子」呢？用馬雲的話來解釋就是：「除了錢，他們不能爲阿里巴巴帶來其他任何東西。」

實際上，這還只是馬雲拒絕眾多投資者中的一個縮影片段、冰山一角而已。在這之後，馬雲又接連拒絕了各方投資者，前前後後一共有三十八次。

一九九九年七月，錢已經成爲阿里巴巴迫切需要解決的問題，馬雲甚至困窘到必須借錢來發團隊成員的工資了。就是在這個艱難的時刻，阿里巴巴受到了來自美國最頂級的商業媒體《商業週刊》的關注。起因是據說有人在阿里巴巴網站上發佈消息，說可以買到AK－47步槍。這條消息把馬雲嚇了一跳，可是馬雲他們找遍了網站也沒有查到這條買賣資訊。

「塞翁失馬，焉知非福。」儘管有關AK－47的報導給阿里巴巴帶來了一些負面影響，但也帶來了更多國際記者紛至遝來的腳步，伴隨這些腳步而來的當然還有國外的投資者。

一九九九年十月，由高盛公司牽頭，美國、亞洲、歐洲多家一流的基金公司參與，阿里巴巴引入了第一筆高達五百萬美元的風險投資。接下來，軟銀公司也宣布爲阿里巴巴融資兩千萬。

其實，當軟銀要爲阿里巴巴投資的時候，馬雲是沒打算接受的。之所以後來談判成功主要還是在於他和孫正義之間的互相欣賞。孫正義看上的不是馬雲的錢或者馬雲的公司有多大、多強，而是馬雲這個人，他覺得馬雲有領導氣質。而馬雲也說：「我見過的聰明人有很多，孫正義卻是其中最特別的。他神色木訥，說很古怪的英語，但是幾乎沒有一句多餘的話，像金庸筆下的喬峰，有點大智若愚。」於是兩人一拍即合。

事實證明，孫正義沒有看錯人，馬雲也沒有選錯人。後來，阿里巴巴的飛速發展，和他們之間的愉快合作是分不開的。

所以，馬雲用他的實際經歷證明，在創業選擇投資人的時候，決不能「有奶就是娘」。即使是在彈盡糧絕的危機時刻，也不能喪失一個創業者、企業家應有的尊嚴。馬雲拒絕三十八家投資商的故事，給了所有創業者一個啓示：創業者的前途，企業家的命運，永遠掌握在自己的手中，而不是「資本家」的口袋中。如果錯選了一個唯利是圖的「資本家」，就有可能毀掉一個優秀的企業。

7 要選擇犯過錯誤而又很聰明的人合作

很多創業者在選擇合夥人的時候喜歡找那些成功過的人，他們覺得以前能夠成功，以後再做什麼必定也有經驗，容易成功。殊不知，這些人因爲已經享受過成功的果實，再做起事來常常有些狂妄自大。

馬雲認爲，選擇合夥人應該找那些犯過錯誤而又很聰明的人合作。這類人因爲犯過錯誤，必定也從錯誤裏吸取過不少教訓，所以做事就會更加謹慎。另外，因爲曾經犯過錯，他們會更渴望改正錯誤，取得成功。這樣的人，往往比那些沒經過多少挫折就取得了成功的人更加努力。

後來，阿里巴巴和雅虎的合作也充分證明了馬雲的立場。雅虎正式進入中國是在一九九九年，當時的中國互聯網還處於起步階段，因而雅虎把美國的經驗複製到了中國。之後，中國本土互聯網企業迅速崛起，並在各領域都各有專長，而此時的雅虎中國卻迷失了方向，在每一個領域都插了一腳。

被阿里巴巴併購之前，雅虎中國有搜索、門戶、三七二一網路實名、SP業務，還有一拍網和一搜網。在這些業務中，搜索占營業額的百分之五十，然後是SP業務和廣告。在搜索業務中，網路實名又佔據了百分之八十的營業額。

併購後，雅虎中國原來的「門戶加搜索」的戰略被馬雲重新定義爲「搜索」。在這種邏輯下，雅虎中國的產品遭遇了大刀闊斧的調整，SP業務首先被砍掉。對此，馬雲主要考慮到兩點：一是SP業務與雅虎中國的未來目標不一致（SP全稱Service Provider，是指移動互聯網服務內容的直接提供者，負責根據用戶的要求開發和提供適合手機用戶使用的服務）；二是雅虎中國當時的SP業務有不健康的內容。同樣被砍掉的業務還有一些小廣告。

馬雲說：「我們選擇雅虎，是因爲雅虎有世界上最先進的技術，還有雅虎在中國七年的經驗，無論是犯的錯誤還是取得的進步，都是我們發展的資本。」

馬雲認爲，互聯網是新興事物，每家互聯網企業都在面臨著無數的未知。只有在犯了一些錯誤之後，才能總結出一些經驗，而這些經驗恰恰是另外一些企業所急需的。因此，錯誤也是一種資本。只有把得到的經驗複製到現有企業中，才能避免再犯同樣的錯誤。

雅虎全球首席運營官羅森格也認爲，雙方的成功聯姻，將是雅虎在中國能夠取得成功的可行辦法。「這種方法實際上同雅虎日本的方法是一致的，在當地找到一個合作夥伴，這樣我們能夠把最好的資產和最好的技術結合起來，這樣我們才能夠在將來取得成功。因爲我們相信，中國的互聯網市場在五年內會成爲世界上最大的市場。」

的確，對於那些優秀的人來說，犯錯有時候恰恰給他們提供了悟出真理的機遇。只有在犯錯時，他們才能突然醒悟，或者從所犯錯誤中發現問題關鍵，或者總結出許多經驗，以便下次做同樣的事情時可以繞過障礙，直接穩步向前。而且，這些人在經歷過失敗後，做事往往會更加有目標、有計劃、有具體的實施方法和步驟。

當然，雖然我們大致瞭解了選擇犯過錯誤的人合夥創業的諸般好處，但是這個人如果不聰明，只會犯錯誤，不懂得總結經驗當然也是不合適的。

有些人，一副猛張飛的性格，做事盲目草率、蠻幹、瞎幹，最後事情失敗了還不知道錯在哪裡。對於這樣的人，我們要儘量避免與其合作，否則他不僅不能在整個創業過程中幫到你什麼忙，反而會因爲他的這種性格壞事。

總的來說，創業選擇合夥人是關係創業成敗的至關重要的事情，所以無論如何我們都要非常謹慎。如果在選擇合夥人這一關把握得當，那麼在以後的創業過程中也會少走許多彎路。

8 像唐僧一樣做領導，發揮每一個人的力量

馬雲在一次演講中說：「中國人認為，最好的團隊是『劉、關、張』的團隊，還有趙子龍、諸葛亮，這樣的團隊真是『千年等一回』。但我們認為，世界上最好的團隊是唐僧的團隊。」

他認為，在很多人眼裏，唐僧做領導可能顯得無為、迂腐，只知道「獲取真經」。但是，在他眼裏，這樣的領導方向明確，無論外界發生什麼，都不會改變他取經的初衷。孫悟空脾氣暴躁卻有通天的本領；豬八戒好吃懶做但懂情趣，並且也是一個外交高手；沙和尚樸實中庸卻非常忠誠，並且任勞任怨挑著擔子，這樣的團隊無疑比「一個唐僧三個孫悟空」的團隊更能夠精誠合作、同舟共濟。

馬雲說：「這就是團隊的精神，有了豬八戒就有了樂趣，有了沙和尚就有人挑擔子，少了誰都不可以，互相補充，相互支撐，關鍵時也會吵架，但價值觀不會變。我們要把公司做大、做好，這樣的團隊很重要。阿里巴巴就是這樣的團隊，在互聯網低潮的時候，所有的人都往外跑，

但我們是流失率最低的。」

對創業公司而言，要想度過殘酷的低潮期，持續發展，就要依靠團隊的力量，這也是馬雲推崇唐僧團隊的出發點。

爲了尋求更好的「領袖之道」，作爲阿里巴巴掌門人的馬雲，一直把看似無爲卻能掌控三位高徒的唐僧當作自己管理阿里巴巴的榜樣。馬雲說：「唐僧是一個好領導，他知道孫悟空要管緊，所以會念緊箍咒；豬八戒小毛病多，但不會犯大錯，偶爾批評批評就可以了；沙僧則需要經常鼓勵一番。這樣，一個明星團隊就形成了。」

說實話，人無完人，而一個團隊卻可以做到優勢互補、力求完美。只要領導者能夠充分發揮自己的用人才能，打造一支明星團隊其實並不難。

在創辦阿里巴巴期間，馬雲知道他的團隊不能沒有孫悟空，而這裏的「孫悟空」可以代指團隊裏技術人員、高層領導等。馬雲知道，這樣的人一般敢作敢爲、富有創造力、有闖勁、有衝勁。但除此之外，越是能力大的人脾氣也越大、越任性，容易情緒化。於是，馬雲會時不時地給他們上個「緊箍咒」，讓他們時刻牢記著團隊的共同目標。

當然，馬雲也知道，團隊裏不能缺少腳踏實地的沙僧，雖然他本事不大，但對團隊的價值觀念有強烈的認同感，能夠勤勤懇懇、任勞任怨地一直跟著唐僧走下去。

另外，豬八戒雖說又懶又沒有堅定的信念，但他是個非常善於處理人際關係的人。他善於與外界打交道，許多外部力量的支持都是八戒爭取來的。有一個社會心理調查顯示，男性比較喜歡孫悟空，而女性則普遍比較喜歡豬八戒。豬八戒很醜，但很溫柔，脾氣好，天生樂天派。他總是能給團隊帶來很多樂趣。假若沒有豬八戒，團隊就會缺乏活力，沒有情趣，變得枯燥無味。

馬雲一直認爲，唐僧是一個好領導，因爲唐僧知道一個團隊裏不可能全是孫悟空，也不能都是豬八戒，更不能都是沙僧。要是公司裏的員工都像自己這麼能說，而且光說不幹活，會非常可怕。所以唐僧離不開任何一個人，而且懂得讓他們各盡其才，這正是一個優秀的領導最需要的能力。

所以馬雲一直在學習唐僧，因爲馬雲知道，一個團隊能否成功，與團隊領導者的領導方式有直接聯繫。於是，就產生了這樣一個廣爲流傳的故事：馬雲當初帶到北京去的夥伴們都一個不少地跟著他回杭州了。爲什麼？因爲馬雲不只是這個團隊的領導者，他更是個佈道者。

對於馬雲來說，團隊最根本的問題還是團隊領導人的問題。一直以來，同甘共苦是馬雲作爲一個領導者所堅持的理念。在北京的日子，馬雲也和他的夥伴們一樣，住在租來的公寓中，可見，馬雲本人就是一個好領導，阿里巴巴也是最完美的團隊。

9 ＣＥＯ就是守門員

馬雲說：「客戶是我們的父母，在阿里巴巴，組織結構圖是倒過來的，最上面是客戶，下一排是員工，再是經理，再是副總裁，最下面才是我這個ＣＥＯ。」這就是馬雲對於一個企業領導者的定位，他把自己放在了最低的位置上。而正是這種「守門人」的自我認知，讓他成爲了中國最優秀的ＣＥＯ之一。

對於一個ＣＥＯ，如果你問他企業的父母是誰，總會有無數的答案：是投資方、是員工……而馬雲的回答是：「客戶才是我們的父母。」馬雲甚至說過：「我問我的老闆是誰？就是我前面的幾個副總裁，副總裁的老闆就是他們前面的總監，總監們的老闆就是他們前面的員工，員工們的老闆就是他們前面的客戶。很顯然，我就是這個足球隊的守門員。如果你們發現一個球隊的守門員是最忙的，那麻煩就大了，他技術再好也不行。」馬雲把ＣＥＯ比作在公司最底層的守門員，主要的工作就是把住大門，把住方向。

二〇〇〇年第一次「西湖論劍」時，馬雲發現當時的市場有點不對勁，當時一個月內就有一〇〇〇家網路公司成立，大家都想上市圈一筆錢就走。這時，馬雲明白，要想把握好這個方向，做個合格的守門員，一定要拿出自己最堅定的信念來引導大家。

首先，馬雲開展了「整風運動」，統一思想，統一目標。既然要做八十年的企業，那麼把企業做大做強是關鍵，而絕不是圈一筆錢就走。

然後，馬雲開始把資金都收縮回來用作員工和幹部的培訓費用。並且，他還提出二〇〇二年必須贏利一塊錢。結果當年贏利五十多萬。

雖然以上的一切都做得不錯，但就在這個時候又碰到了一些麻煩問題，比如說回扣。當時給人家做網頁，如果收入是兩萬，回扣就要收五千元，到底收不收？

公司內部有很多爭論，大家討論了一番後，決定不收。一開始很多人都不相信能做到這一點，後來發現有兩個頂級銷售人員仍然在收回扣，馬雲便毫不猶豫將其「封殺」了。他認爲，寧可關門不做生意，也要給客戶一個好印象。

後來，馬雲總結出了這麼一句話：「九年的創業經歷至少可以證明一點：像我這種什麼技術都不懂的人都能創業，而且還小有成就，那麼百分之八十的人都可以，但關鍵是你怎樣把平凡的人聚在一起，做好『守門員』。」

所以，雖然CEO很清閒，但卻要求腦子有非常快的反應，每天想的問題就是怎麼組織戰鬥，「所以作爲CEO來講，我是最底層的，我跟我所有的客戶講，如果我們的客戶投訴抱怨，一直投到CEO這裏，那一定是我們現在的問題都沒做好。我會花很多時間去考慮。」馬雲說。

那麼，對於扮演守門員的CEO來說，哪些權力是他所能夠行使的呢？而這些權力又來自哪裡呢？

一些「強硬」的CEO喜歡對不服從管理的員工說：是組織安排我來擔任這個職務的，你必須聽我的。但馬雲認爲這是最弱的一種權力表現形式。因爲中國人總是喜歡「陽奉陰違」，別人表面上承認你、服從你，私下有什麼想法你就不一定知道了。你的員工自然也會拿這招來對付你。

還有一些「財大氣粗」的CEO說：我有錢，可以誘惑他們。的確如此，但這是個競爭社會，當出現更大的誘惑時，你的權力就會失去。

還有人會說：我有強制力，不聽我的我就開除你。但是沒有任何一個企業會需要這樣的CEO。所以，馬雲認爲上面的這些權力在運用時都需要非常慎重，一個CEO需要做的是發揮自己的專家力、典範力。比如你是某方面的專家，必然會直接影響周圍人的行爲舉止。簡單地說，當你擁有職位、金錢的時候，你就擁有了硬力量，這就意味著你會比沒有硬力量的人顯得更爲強大，你成功的平臺也會更好。

可見，馬雲在CEO應該行使什麼樣的權力、怎樣行使權力的問題上，認識還是非常清醒的。馬雲說：「人們之所以會聽誰的，不是因爲這個人是CEO，是什麼主任，而是因爲他說得對。一個CEO最後要取得的決定權不是來自於人，而是源於他講的理念思想、戰略戰術是不是確實有理。所有人都覺得你說得有理之後，他們就會跟著你。」

馬雲把他們的團隊比作是一支足球隊。「這支足球隊的守門員就是我這個CEO。」馬雲說，「球隊進球了，守門員爲球隊的勝利而歡呼；球隊丟球了，守門員爲球隊的失敗承擔最後的責任。」顯然，要做一個優秀的守門員也不是一件容易的事情。馬雲說，一個優秀的CEO除了要守住自己的「球門」外，更重要的是要在商場上做到知己知彼，百戰不殆。「己」是指員工，這是公司最大的財富；很多人認爲「彼」是指對手，而馬雲卻認爲應該是顧客。很多時候我們爲了瞭解競爭對手，最後把顧客忘記了，這就離關門不遠了。

馬雲說當領導是很孤獨的，即便你的二把手和三把手都能徹底理解你的想法。企業開船的時候，船長會爬到杆上看風向。「我要考慮的就是一年以後要做到的效果，我必須考慮制度和召集人馬，但是真正到了成功的時候，我還要考慮後年的決策。所以成功的時候，我不能分享，但是失敗一定要承擔責任。」

換一個角度來說，球隊進球了，不是你守門員的功勞，但自己的球門被別人攻破了，卻一定是你守門員的責任，這就是CEO！

10 用人格魅力吸引人才

人才，是任何一個企業都求之若渴的，而馬雲卻始終堅持引進人才不能用唾手可得的利益來將其「引誘」，而要依靠企業的快樂文化和企業領導人的人格魅力去吸引，讓人才自己靠過來。

說起蔡崇信，瞭解阿里巴巴的人沒有不知道的，他對阿里巴巴的發展起到了至關重要的作用。但說起他是如何加入阿里巴巴的，就不得不從阿里巴巴這個企業的文化和馬雲的個人魅力說起了。

當阿里巴巴關於電子商務的理念正受到一些國際投資集團關注的時候，蔡崇信正在Investor AB集團任香港區的副總裁，負責亞洲包括中國大陸的投資業務。他也對阿里巴巴很感興趣，於是決定到阿里巴巴公司看個究竟。

蔡崇信的到來，讓阿里巴巴的所有成員都非常高興。因爲蔡崇信此行的目的很明確：希望能夠找到一個理想的投資對象。而這也正是阿里巴巴所希望的。蔡崇信在阿里巴巴見到了令他吃驚的一幕：一個四居室中，竟然有二十多個人在工作，地上還扔著床單等亂七八糟的東西，從他們的表情中可以看出他們愉悅的心情，看出他們對阿里巴巴的熱愛。見面後，馬雲對蔡崇信談了自己對電子商務的看法，闡述了自己要做全球最大的Ｂ２Ｂ網站的「芝麻開門」夢想等等。最後，雖然考察結束了，但馬雲與員工的「零距離」、馬雲的夢想和個人魅力、阿里巴巴有別於其他企業的文化都讓蔡崇信印象深刻。

就這樣，阿里巴巴充滿快樂的企業文化和馬雲的獨特魅力吸引了蔡崇信。不久之後，蔡崇信辭職，加入了當時還處在成長期的阿里巴巴。就這樣，蔡崇信由一個年收入達幾十萬的高級經理人，變成了一個月收入五百元的阿里巴巴人。這一舉動令馬雲十分吃驚，但蔡崇信堅持自己的選擇，用蔡崇信太太的話說：「如果不讓他到你這裏來，他會後悔一輩子的！」

其實，這樣的故事在阿里巴巴數不勝數。有一次，馬雲受邀在哈佛大學講演，他睿智幽默的演講打動了哈佛的MBA們。經過馬雲「洗腦」後的哈佛精英們對於馬雲的崇拜已經達到了「五體投地」的地步，除了讓馬雲享受了簽名、合影等「星級」待遇，還有三十五個MBA當場攔住馬雲，要求和馬雲一起「芝麻開門」——到阿里巴巴工作。

《贏在中國》的總製作人王利芬女士曾經感慨地說：「在馬雲身上，有一點是一般人做不到的，那就是他沒有一點虛榮心，他不怕沒面子，能十分坦然地面對自己不太成功的過去，連自己的長相也在他自嘲之列。這一點對一個人來說真的很不容易，而且有許多人因爲做不到這一點而將自己放大或架起來，之後要不斷地爲這個放大的或架起來的自己費許多的精力，去僞裝。而馬雲不用，他台上台下都是一個人，真實地表達自己的不足，也真實地展現自己的才華。我很難想像什麼人能將馬雲忽悠過去，也很難想像什麼人能把馬雲的自信打下去，讓他自卑。」

的確，馬雲的人格魅力太強大了，事實上，這也是每一個出色的領導者所必須具備的素質。

郭士納在他的自傳《誰說大象不能跳舞》中，談到領導者的個人魅力時寫道：「偉大的ＣＥＯ會捲起他們的衣袖，親自參與解決問題的活動；他們會身先士卒，而絕不是躲在員工的身後，指揮別人做事。」那麼怎樣才算得上是一位有魅力的領導人呢？

首先，**要富有品格魅力**。和藹可親對於一個身居要職的人來說是難能可貴的品格，這種和藹平易在下屬心裏產生的影響力、感召力是很大的。還有的人可能性格和能力有點差強人意，但是心地寬厚、真誠待人，這也是一種品格的魅力。

其次，**善於激勵**。領導者的另一個身份就是教練，他要能激勵員工的士氣，傳授員工經驗，解決員工的問題，令員工折服，必要時還得自己跳下來打仗。要讓有能力、有意願的人死心塌地跟著主管打拼，並且激勵有能力卻意志不堅定的成員提升意志力，這樣的領導者才是最被推崇的。

第三，**勇做表率**。領導者如果希望自己獲得員工的認同，就需要大膽試驗，開拓他們的思路，自己做出表率。要通過以身作則、承擔風險以及展現超群的能力，使追隨者確信目標是合理的、是能夠達成的。這種帶領大家一起翻越高山、替員工遮風擋雨的精神，必定會成爲最受員工喜歡的性格魅力之一。

此外，**要做到心胸寬廣**。領導者必須能爲指出企業內部矛盾的員工撐起一片保護傘。這體現了一個人對不同文化、不同派系、不同事物是否有包容性，是否能團結不同性格、不同背景的人一起共事，能否容忍反對意見，甚至包容自己的敵人。作爲領導，必須具有這種寬廣的心胸。

還有，**要有遠見卓識**。作爲一名領導者，有遠見是至關重要的。你處在那樣高的位置，就要有比別人更寬廣的視野，在處理某些關鍵問題時表現出別人所沒有的高瞻遠矚的眼光，能夠迅速作出決策，採取行動，把不確定性轉變成機會，減少追隨者的擔憂，並帶領他們收穫成功。這樣的領導者一定會得到大家的信任和熱愛，從而擁有一群心甘情願的追隨者。

最後，**有極強的工作能力**。領導的業務和決策能力很強，員工不會的事他會，員工做不了的工作他能做，這樣自然能在員工心中樹立威信，員工對他尊重甚至仰慕，魅力也就隨之而來了。

一般來說，企業文化對於吸引人才的作用是最明顯的，但如果是初創企業，企業文化氛圍尙未形成或者還不夠成熟的時候，領導者的個人魅力就將起到舉足輕重的作用。每一個想要追求自己的理想成就一番大業的企業領導人，都要充分重視這一點。

第九課

領導力：最大的挑戰和突破在於用人

1 我們需要的是獵犬

我們常常會發現，在一個成熟的企業裏，領導遇事從不需要親力親爲，卻能把事情處理得井然有序、完美無缺；在一個不成熟的企業裏，由於領導用人不當，常常把事情搞亂、搞砸，甚至還會阻礙一個企業的發展。因此，在一個企業裏，用人之道便是企業的生存之道。然而，到底怎麼用人，用什麼樣的人，成了很多企業老闆的一大困惑。於是，針對這些，馬雲提出的關於獵犬的人才理論也許值得我們借鑒一下。

一直以來，馬雲對於什麼樣的人是企業需要的人才有著一種很形象的比喻：在企業團隊裏，有業績沒有團隊合作精神的，是野狗；事事老好人但沒有業績的，是小白兔；有業績也有團隊精神的，是獵犬。

一般來講，大多數企業在選拔人才的時候都會把業績放在第一位，尤其是對那些能夠爲企業直接創造價值的員工，即使是野狗，往往也會厚愛有加、唯業績是從。但在馬雲的思維裏，對於野狗，無論其業績多好，都要堅決清除；小白兔會被逐漸淘汰掉；只有獵犬才是阿里巴巴真正需要的人才。

當然，也有一些企業還是很看好「小白兔」的，至少他們會忠於企業。其實，對於這些企業的領導人來說，如果你捨不得對「小白兔」加以清除，大可以效仿阿里巴巴的管理方法，把員工分爲幾類，因材施教，針對不同類型的員工做不同的管理。比如：

對工作態度端正、工作能力高的員工，要賦予權力，大膽使用。畢竟這種人是最理想的員工；對工作態度端正、工作能力低的員工，要充分肯定他們的工作態度，保證他們的工作熱情。同時，要讓他們認識到自己的不足，在工作中對他們多多「傳、幫、帶」，並對他們提出提高工作能力的具體要求和具體方法，使他們早日成爲工作能力強的員工；對工作態度不端正、工作能力低的員工，要早日將其掃地出門，以絕後患；對工作態度不端正、工作能力高的員工必須限制使用，將其數量控制在一定的比例內，逐漸淘汰。

那麼對於馬雲來說，成爲獵犬型人才的條件到底是什麼呢？首先，誠信和熱情是員工最基本也是最首要的素質。馬雲認爲這種品質之所以重要，是因爲它對一個人來說有就是有，沒有就是沒有，如果沒有是很難培養的。其次，員工要樂觀上進，健康積極有朝氣，對互聯網行業充滿興趣與激情，渴望成功。此外，員工還要有適應變化的能力，具備較好的專業素養和職業修養，善於溝通協作。最後，員工要富有學習的能力和好學的精神。

當然，馬雲認爲，阿里巴巴除了需要「獵犬」型人才，也絕不會拒絕有潛力成爲「獵犬」型人才的人。在他看來，這類人才經過一定的培訓是可以達到阿里巴巴的要求的。

所以，馬雲一直以來都非常注重員工的培訓，他在這些人才培訓上面捨得花大力氣，也捨得花錢。曾經，在一次演講中，馬雲說：「有人問是公司先賺錢再培訓，還是先培訓再賺錢？我說YES，既要賺錢也要培訓；問要聽話的員工還是能幹的員工？我說YES，他既要聽話也要能幹；問你們是玩虛的還是玩實的？我說YES，我們既玩虛的也玩實的。我們這樣要求員工，他們的素質就會不一樣。」

除此之外，馬雲在招聘員工的時候還要進行非常嚴格的篩選。任何人想成爲阿里巴巴的獵犬，都要經過幾道程序。爲此，馬雲解釋說：「對於進入公司的人才，阿里巴巴要對他們負責，如果簡單地招進來，不滿意就解聘，那這些人損失的不僅有經濟成本，還有機會成本。」

所以，在具體選拔人才的時候，阿里巴巴設立了四道關卡：第一道是「海選簡歷」。這是爲應聘的人才設立的一個門檻——塡寫簡歷後必須進行一個快速測試，只有通過者才能有效提交簡歷；第二道是現場接收簡歷。但因爲這些投簡歷者沒有經過快速測試，因此錄取比例比較低；第三道是筆試。對筆試的前十名給予總共大約十萬元的獎勵，第一名爲兩萬元；最後，由業務主管、人力資源部門和事業部總經理對通過海選和筆試的人員進行面試。只有通過這四道程序的人，才能最終加入阿里巴巴的團隊。

在用人上，馬雲有自己的判斷、自己的標準，但前提都是出於對企業負責，爲公司未來發展考慮。所以如果你不是他需要的人才，他就一定不會選擇你，而一旦選擇了你，就會不遺餘力地培養你。對於聘用的人才，阿里巴巴採取的是「請進來、送出去」原則。「送出去」就是與一些MBA學校和培訓班建立合作，把員工送出去學習。二〇〇四年九月十日，阿里巴巴成立了自己的「阿里學院」，這樣做的目的就是要讓每一個人才在阿里巴巴實現增值！當然，阿里巴巴也會得到增值！

2 人才匹配：把飛機的引擎裝在拖拉機上，最終還是飛不起來

高學歷、高職稱的人相對那些沒有學歷的普通職員來說，在某些方面的確佔有優勢。然而，有優勢不等於他們在各方面的能力就必定強過後者，也不能說只有這些有學歷、頂著桂冠的人才算是人才。在西方有這樣一句名言：「垃圾是放錯位置的財富。」這說明，人才其實也是相對而言的。

一個人是不是人才，能不能夠完全發揮他的作用，關鍵要看把他放在什麼位置上。只要他在這個位置上能夠做好工作，做出成績來，他就是人才；如果不行，即使頂著再多的桂冠也不是人才。

馬雲說過一句話：「把飛機的引擎裝在拖拉機上，最終還是飛不起來。」如果讓一個頂著名牌大學學歷，或者有著高管頭銜的「人才」去小商店裏做推銷，他不見得會比一個初中沒畢業，

常常被很多行業拒之門外的人做得好。暫且不說這些高級「人才」是否能放下架子去做推銷，如果他把一堆所學的理論拿到這裏擺譜，或許還不如一個不懂理論的人的靈活應對。

所以，所謂「人才」，只要人盡其才便都能配的上這個稱號。而怎麼樣才能做到人盡其才呢？只有把每個人放在相應的位置上，才能充分發揮他的作用。這裏便又牽涉到了「人才」的運用。

在人才的運用上，馬雲承認自己也犯過錯。一九九九年，阿里巴巴剛成立不久，馬雲立志要使之成爲帶領中小企業敲開財富之門的引路人。在阿里巴巴獲得高盛的風險投資後，爲了擴展公司業務，馬雲立即著手從香港和美國引進大量的外部人才，用馬雲自己的話說就是：「創業人員只能夠擔任連長及以下的職位，團長級以上全部要由MBA擔任。」

當時，阿里巴巴十二個人的高管團隊成員中除了馬雲自己，其餘全部來自海外。緊接著，阿里巴巴又獲得軟銀集團兩千萬美金的風險資金，這個時候，準備大幹一場的馬雲更是非常果斷地請來許多諸如哈佛、史丹福以及國內知名大學畢業的MBA，使其逐步代替自己原來團隊中的「土鱉」。

然而，長期觀察下來，這些高層管理人員因在阿里巴巴「水土不服」，都一一被馬雲開除了。

馬雲後來回憶說：「我跟北大的張維迎教授辯論，首先我承認我水準比較差，百分之九十五的MBA都被我開除掉了，難道他們就沒有錯嗎？怎麼可能百分之九十五都被我開除掉？他們肯定有錯。這些MBA一進來就跟你講年薪至少十萬元，一講都是戰略。每次你聽那些專家跟MB

A講的時候是熱血沸騰，然後做的時候，你都不知道從哪兒做起。」

馬雲認爲，作爲一個商業精英MBA，在學習的過程中首先要學習怎樣做人。但是，這些MBA「基本的禮節、專業精神、敬業精神都很糟糕。這些人進阿里巴巴好像就是來管人的，他們一進來就要把前面的企業家建立的東西都給推翻掉」。

當然，馬雲並沒有否定那些職業經理人的管理水準。他說：「他們的水準如同飛機引擎一樣，但問題在於，如此高性能的引擎適合拖拉機嗎？」馬雲由此總結出一個關於人才使用的理論：只有適合企業需要的人才才是真正的人才。他把當初開除MBA的事情用了一個非常形象的比喻來做解釋：

「就好比把飛機的引擎裝在拖拉機上，最終還是飛不起來一樣，我們在初期確實犯了這樣的錯。那些職業經理人管理水準確實很高，但是不適合。公司當時的發展水準還容不下這樣的人。」

經過這次教訓，馬雲不再盲目地吸收高學歷、高職位的「人才」。在人才的選拔上，阿里巴巴開始採取外部招聘與內部培養相結合的方式，其中內部培養是重點。因爲，在電子商務行業裏，阿里巴巴已經走在了最前列，單純依賴從其他公司大批量吸收成熟的人才，很難滿足每年成倍增長的業務對人才的大量、高質的需求。而且，外來人員也很難在短時間內充分理解阿里巴巴獨特的文化氛圍和價值觀。如果不能在價值觀上達成一致，那麼在長遠業務上就很難形成統一的共識。所以，馬雲把內部培養人才作爲一個重點項目來進行。

從阿里巴巴的整個發展過程和用人經驗中，馬雲最後總結出一個道理：適用即人才。馬雲辦公室的牆上掛著一幅題字：「善用人才爲大領袖要旨，此劉邦劉備之所以創大業也。願馬雲兄常勉之。」這幅字是金庸二〇〇〇年的時候給馬雲題的。馬雲說：「我掛在辦公桌前面，這是給自己看的，掛在後面是給別人看的。天天看到這個，也是對自己的一種提醒。」

3 高學歷並不代表高能力，真才實學才是硬道理

很多企業老闆喜歡找那些高學歷的員工，在他們心裏，高學歷往往和能力是畫等號的。其實，事實並非完全如此。有些高學歷的人常常表面上看起來是一副躊躇滿志、胸有成竹的樣子，而且，有些人因爲理論知識說的一套一套，給人一種智謀、膽識兼備的感覺。而事實上，這些人卻只會紙上談兵，真正讓他付諸行動的時候，他們並無實踐能力。

就拿馬雲創辦阿里巴巴的經歷來說，剛得到高盛的五百萬美金融資後，他立馬著手從海內外知名院校聘請了大量的ＭＢＡ。然而，一段時間之後，馬雲發現，這些頭頂著高學歷頭銜的「人才」竟然還不如他原來團隊中的「土鱉」實用。接下來，馬雲又做了一件讓人驚詫的事，他把當

初招聘的高材生逐漸清走，最後只留下百分之五的人。

高學歷是一個人知識背景的指標，沒有學歷，很多事情做起來的確會比較吃力。但是，從另外一方面講，學歷有時候只是一種形式，能力才是真正的金子。企業老闆如果一味要求高學歷，而忽視個人的真才實學，就有點本末倒置了。

因此，高明的用人單位一般不會過分看重學歷、職稱，因爲他們需要的是立馬能派上用場的人才。是騾子是馬，牽出來遛遛，什麼都清楚了。對於創業者來說，最需要的是能夠馬上進入工作狀態的有用人才。因此作爲企業老闆，在招聘職員的過程中，一定不能唯學歷、唯經歷是從，而要唯才是舉。也就是說，審核文憑不如考核水準，審核職稱不如審核其工作是否稱職。一句話，「英雄不問出處」，有用才是唯一的標準。

當然，近年來，有些企業也逐漸認識到了這點，於是，在招聘員工的時候，不再以學歷論英雄。值得慶幸的是，一些企業近五分之一的職位也對大專生打開了大門。例如，樂金招聘的軟體發展工程師、系統維護工程師、軟體工程師；大金（中國）投資有限公司招聘的市場開發專員、製圖、企業宣傳擔當；博洛尼招聘的產品研發設計、加工品研發設計師、研發部總監助理、材料工程師、採購工程師、機械工程師等職位，均把學歷起點降至大專。

事實上，具有特定專業技能的人才，越來越成爲很多企業的「香餑餑」；與之截然不同的是，對於那些沒有一技之長的大衆型人才，即使頂著高學歷的頭銜，企業對其的要求也越來越「苛刻」。

當然，我們並不是否定高學歷的人才，如果能夠學歷和能力相互促進，學歷越高，能力提升空間就越大；能力越高，體現出的學歷價值也越大。而這些人才是每個企業老闆都求之不得的。只是，一個企業用人，如果只是憑著對方的高學歷，再附加一些「抱負」、「理想」和所謂的「理念」就委以重任，一旦遇到實際困難，他們就會手足無措，盲目行事，最終給公司帶來損失。因此，企業在尋找人才時要多加注意，多用實際問題來考察他們。對於初創企業的經營者來說，在招聘人才時還要克服一些主觀障礙。

第一，企業老闆不能帶著個人的好惡愛憎以及心理偏見和成見來招聘人。這一點是企業老闆在招聘人才時必須要克服的。企業老闆在招聘時應該明白這一點：你是在招聘人才而不是選擇朋友，所以你必須以應聘者的實際能力爲依據，不能以自己的好惡愛憎爲評判標準，否則很有可能將第一印象不好而又有真才實學的應聘者淘汰掉，卻將第一印象好而沒有實際能力的人留下來。這對企業的生存和發展是極其不利的。

第二，企業老闆在招聘員工時，不能受對方的資歷、資格、學歷、現實問題等因素的限制來進行選拔。

某些企業老闆非常看重應聘者的學歷，對那些高學歷、高職稱、資歷深的應聘者情有獨鍾。殊不知，在現代這個職稱氾濫、文憑氾濫的社會裏，很多人的學歷、職稱、資歷與其能力並不相稱。如果過分看重這些表面的東西，結果往往會是花了天價招來的卻是一些派不上用場的平庸之輩。因此，創業者必須對此引起注意。

4 用共同的理想吸引人才

做企業如何用人，一直以來都是創業者們非常頭疼的問題。尤其是在如今這個人才流動越來越大的商業市場上，想要留住一些有能力的人，並讓其死心塌地爲己所用，實在是難上加難。

針對這一現象，馬雲提出了這樣一種說法：「作爲一個領導人，不要讓你的員工爲了你而工作，應該是爲了共同的目標或者使命，或者是一個理想去工作，絕對不要因爲領導人的個人魅力而工作。」這一點對於那些有能力的人而言，是非常實用的。

細數一下阿里巴巴團隊裏精英們的過去，我們就可以大致瞭解馬雲話裏的精髓。

做CFO的蔡崇信——曾經是Investor AB公司的副總裁；做CTO的吳炯——曾經是雅虎搜索引擎的底層專利發明人，主持過雅虎電子商務基礎軟體系統的設計；阿里大學校長關明生——曾是著名的GE公司高管；阿里巴巴顧問委員會委員彼得・薩瑟蘭——曾是世界貿易組織前任總幹事……

然而，這些人是怎麼走進阿里巴巴，並死心塌地跟著馬雲打江山的呢？當然，這就要歸功於馬雲所說的「爲了共同的目標或者使命」了。

這些人在加入阿里巴巴前都已經身價不菲，年薪都很高，還擁有上市公司的期權收入，他們的收入都足以「買下幾十個甚至幾百個當時的阿里巴巴」。到了阿里巴巴，這些人不僅工資降了一半，還失去了原來的股權分紅。只因被阿里巴巴的理念所吸引，他們放棄了高薪、期權，來到阿里巴巴和馬雲一起打拼。

說起這些時，馬雲總是自豪地說：「因爲我們有夢想，他們也有夢想，我們都想通過阿里巴巴實現共同的夢想。」

如今在阿里巴巴任CTO的吳炯也不無感慨地說：「二〇〇五年五月我第一次回國，順道去看馬雲，發現馬雲的團隊都擠在他自己的房子裏，所有參與創業的人都把自己的錢拿出來投到公司中，每個月只拿基本的生活費，而且是在沒日沒夜地幹，這種使命感比當年的雅虎有過之而無不及，所以我就決定加入了。」

就連現任中國雅虎總裁的曾鳴也深有同感：「我在國內見了這麼多企業，很少有企業能夠把高管關起來十天專門想戰略問題，踏踏實實做規劃的。」從二〇〇三年就開始幫助阿里巴巴制定整個集團戰略規劃的曾鳴，正是因爲看到了這一點，才決定加盟阿里巴巴。

我們大家都熟悉的蔡崇信更是被馬雲和他的「十八羅漢」的幹勁以及「芝麻開門」的理念深深吸引，他說：「這裏有一些做事情的人，他們在做一件我覺得很有意思的事情，所以我就決定來了。」

的確，在創業初期，由於我們還不具有相當的經濟實力來吸引人才，所以必須通過其他途徑來吸引他們。當然，在現今的商場中，高薪吸引人才固然是個不錯的途徑，但它並不是唯一的，而且僅靠高薪吸引的人才，是不是能夠竭盡所能爲你工作，或者能不能死心塌地留在你的公司都是一個問題。因爲人的需求是多方面的，對於真正重視自身價值的人才來說，金錢不是唯一的考慮。創業時期的企業，如果能保證人才在事業成功的同時拿到自己該拿的那一份報酬，就能夠吸引很多優秀的人才。

除了滿足報酬的要求，如果你還能夠滿足他們的某些精神需求，比如，爲人才提供一個能發揮自己能力的舞臺、創造一個有良好人際關係的環境、開發能看到前途的適應市場競爭的產品項目，等等，他們就會「士爲知己者死」，爲公司的發展竭誠貢獻自己的力量。

另外，由於社會的壓力，人們在擇業時越來越慎重。他們不僅看重企業的當前狀況，更注重企業的未來前景及自己在其中的發展機會。因此，企業不僅要做好當前管理，還必須有一個長遠的發展規劃與方略。

說白了就是要像馬雲爲自己的員工制定「共同的夢想，共同的使命，共同的目標」一樣，企業要有一個「企業的夢」，同時還應有一個系統的人才培養與選拔的體系，給進入企業的每個人一個「個人的夢」，也就是個人職業生涯規劃。當然，除了採用、落實上面所列舉的各種吸引人才的措施外，還必須有其他相應的方法，以保證人才總處於被激勵的狀態，從而長久踏實地爲企業作貢獻。

在這一點上，馬雲更是做得非常到位。在收購雅虎以後，他對大家說：「不要讓你的同事爲你幹活，要讓我們的同事爲我們的目標幹活，共同努力，團結在一個共同的目標下面，要比團結在你一個企業家底下容易得多。所以首先要說服大家認同共同的理想，而不是讓大家來爲你幹活。」

阿里巴巴是有理想、有事業心、有使命感和價值觀的團隊。但是這個理想和事業不是馬雲一個人的，而是整個團隊的。不是爲了投資者幹，也不是爲了馬雲幹，而是爲了自己幹，是爲自己的股份幹，爲自己的理想幹，爲自己的事業幹。

只有爲同一個理想而奮鬥，才能夠激發出世界上最大的動力和幹勁。能夠不用高薪，不用高位，便把世界五百強的精英盡收囊中，這就是理想的魅力。

5 給應屆畢業生一個機會

通常情況下，一般的企業對於應屆生都不是特別感興趣。因爲應屆生缺乏工作經驗，缺乏社會閱歷，也沒有脫離「學生氣」，在很多方面都不具備能夠獨當一面的實力。

創業之初，阿里巴巴對於應屆的大學畢業生也不是特別感興趣。最開始，馬雲本人從來沒有考慮過讓應屆畢業生加入自己的團隊。因爲馬雲覺得：他們沒有受過什麼委屈，太浮躁，一天三個主意，一年換三個工作。出於這種想法，馬雲認爲對待應屆畢業生「最好的機會就是不給機會」。馬雲甚至說過：「中國的大學只會教人知識，不會教人技能，根本不是什麼精英教育。中國的大學生，大部分都是差不多的，不論是聰明才智，還是社會能力。」

因爲一次偶然的機會，剛畢業不久的彭翼捷來到阿里巴巴工作。通過他自己不懈的努力，再加上阿里巴巴的精心培訓，在短短的七年時間裏，彭翼捷從一名普通的銷售人員升到了副總裁。這無疑給馬雲敲了一個警鐘，他終於明白，一個應屆畢業生，只要自己有資質，其實比有社會經驗的其他人更容易培養。

更何況，應屆生不熟悉的時候，你可以慢慢地引導他，這樣他的思維方法跟做事方式就會跟你部門的要求相近，而且設計理念也會漸漸地符合公司的技術要求。

而熟手就不同了，可能其原先的工作習慣跟現在的公司不符，甚至因爲自己的理念不同，可能會跟員工或其直屬領導發生摩擦。即使這些情況不出現，但要讓他接受現在公司的理念和價值觀也不是一件容易的事。這就好比從一張別人已經畫滿了圖畫的紙上寫字，要想讓寫的字看起來清楚，必須擦掉原有的圖畫，與其這樣費事地去擦，還不如用一張白紙來重新寫。

當然，馬雲比任何人都更會算這筆賬。他在彭翼捷坐上總裁位置之前，就已經改變了對應屆畢業生的那種成見，馬雲說：「他們都是一張白紙，容易接受新事物，成才機率也相對比較高。」在馬雲看來，只要是夠踏實的年輕人，都可以被當作獵犬型人才來培養，所以馬雲說：「如果一個年輕人今天和你說他要做什麼，三年後依然說他要做這個，而且堅持在做，那你就一定要給這個年輕人一個機會。」

從此以後，阿里巴巴開始進行大規模的校園招聘。爲了招到優秀的人才，阿里巴巴用盡了各種招數：他們的招聘人員就像小商販或者推銷員一樣在校園裏大聲吆喝：「大家看一看了，看看阿里巴巴是不是適合你們發展！」這種「親切感」自然很受學生歡迎。同時，阿里巴巴也對大學生有著豐厚的獎勵：筆試第一名獎勵兩萬元，每一個被錄取的員工都將得到阿里巴巴的股票期權，不僅如此，阿里巴巴還會爲新招進的員工量身定做發展和培訓計畫。

所以，馬雲才敢說：「一般的學生都被Google和微軟給招走了，我們選的都是不一般的學生。」

既然要招應屆大學生，公司也要有心理準備——給他們犯錯誤的機會，給他們發揮個性的空間，假以時日，這些璞玉就會被雕琢成精美的上等好玉。

每個人的「經驗」都不是與生俱來的，大學生也不例外。他們的主要任務就是做好知識儲備，畢業後走上工作崗位進行「實踐」，逐漸鍛煉出真正的「經驗」。所以，在招聘應屆大學生的時候，要多關注其以下幾方面：

首先，專業知識是否過硬，實踐能力是否夠強。由於應屆生普遍缺乏實踐經驗，其職業技能和素養無從體現，因此對他們專業素質的要求就要相對高一些。專業成績是否優秀，基礎是否扎實，是首先要考慮的因素。

其次，對自己有一個合理的定位，能很快融入企業文化。企業首先應該考慮那些有朝氣、有激情、有進取心、有創新意識、願在企業長遠發展的學生，同時還要瞭解，現在剛畢業的大學生很容易產生挫敗感。因此，在招聘時首先要瞭解他們對自己的職業定位，最好招收那些對自己的職業生涯有所規劃的畢業生。

最後，是否具有協作能力和團隊合作精神。一般剛從校園裏出來的畢業生都缺少社會協作能力與合作意識，在與同事和上級的溝通方面也存在一定欠缺。因此，應聘者是否具有團隊精神是決定錄用與否的一個重要標準。

6 頻繁跳槽的人用不得

創業者要找到合適的人才並不容易，一方面是因爲大多數人才需要挖掘才能發現；另一方面，很多人才並不穩定，他們會爲了實現自己的價值而頻繁跳槽。對於初創企業的經營者來說，招聘人才時要注意些什麼呢？這裏，有些創業成功的前輩們要給大家提個醒：頻繁跳槽的人用不得。

沒錯，馬雲也曾經說過：「我覺得跳槽多的人就像結了婚後離婚，離婚後又結婚，結婚後又離婚，這樣不可靠。我自己不喜歡跳槽的人，如果一個年輕人給我的簡歷上寫著五年換了七份工作，這樣的員工我是不會要的，我不太相信那些換了很多工作的員工，跳槽多不是好事！今天企業是這樣的，明天的企業一定會看你在這個企業呆過多少年、學過多少年、交了多少學費。企業都很重視這些。」

爲什麼不建議初創企業招聘跳槽頻繁的人呢？有人做過這樣一個統計，從成本的角度來看，招聘這類人非常不划算：

第一，面試成本高。

頻繁跳槽者的面試往往比較複雜，不是專業人士還真難搞明白他跳槽到底是因爲自己定位不清，還是想混工作經驗，或者是薪資問題，抑或和同事無法融洽相處。在目前應聘者百倍於職位的情況下，還是省點精力爲好。

第二，短期離職的風險成本高。

喜歡跳槽的人，很大一部分是因爲自己沒有什麼職業發展規劃，得到哪個職位就是哪個，過了三五個月，剛剛培訓完，發現不合適，或者有了更合適的，於是選擇離開。另外，對這些人而言，跳槽已經成了一種習慣，或者有什麼面試時看不出來的不足導致他/她在公司不能久駐，這類人的短期離職風險都很大。

第三，公司內部的信譽風險大。

招聘來的人很快離職，往往會對招聘的決定人產生負面影響，這是由公司政治決定的，我們無法改變，只能去適應。

頻繁跳槽者中，當然也有很多合適於公司的候選人，但不合適的比例太高，以至於面試以及招聘的成本都太高，成功率又比較低。因此基於對公司和個人風險的考慮，對於那些頻繁跳槽者，尤其是初成立的公司或者中小企業最好慎用。

一般來說，那些頻繁跳槽的人，大抵都沒有什麼過人的實際能力。他們常常會利用某個行業人才供求比例的嚴重失調騙取高額報酬，東混幾個月，西混幾個月；甚至有些更過分的求職者會同時上幾份班，混不下去時再跳槽，這種人無法給企業安全感。

這些人表面上看似乎什麼都幹過，什麼都懂，但因爲換工作太頻繁，往往不能掌握一技之長。一個企業需要的是專家，不是雜家。

就如馬雲說的：「這種人不太會有出息，堅持一個行業，給自己一個承諾，幹五年非常重要，跳槽多不是一件好事。」所以，除非迫不得已，正常情況下企業最好不要考慮頻繁跳槽的員工。

當然，在人才流動過於頻繁的今天，如果你不用跳槽者，恐怕經常會出現人員嚴重短缺的問題。因此，在企業招聘員工的時候，要儘量選擇一些跳槽率相對低的人，並且分析一下他們的跳槽原因再加以定奪。

比如，一些人跳槽是以提升薪資爲主要目的的，這樣的人，一般來說還是應該慎用。因爲這類人往往以利益爲首要目標，一旦有機會就拋棄企業、拋棄責任，甚至會給企業的運營帶來不良影響。

另外一些人，跳槽是因爲以前的企業無法使其完全發揮自己的能力。這樣的人，我們可以適當地放寬條件，並適時適機地給予其相應的待遇，以便能留住他。

還有一些人是因爲在原來的單位處理不好一些事情（包括業務、人際關係）而跳槽的，對於這些人企業應該愼用。因爲他在那裏處理不好，很有可能在新單位也處理不好，而且，這樣的人一般來說也不太能適應新的崗位要求。如果是因爲某些特殊原因，比如，受了行政處分而心懷不滿等而跳槽，企業更應該堅決禁用。

當然，我們也不能完全否定那些頻繁跳槽的人，這裏面也不乏一些優秀者，他們能在較短的時間裏判斷企業是否符合自己的發展，並在一個相對短的階段中比較頻繁地跳槽，最終穩定下來。但這種人畢竟是少數，只有真正的慧眼，才能將他們挖掘出來。如果你不是獨具慧眼的高手，我們還是建議謹愼使用頻繁跳槽的人。

7 不讓員工當「丐幫幫主」

一直以來，人才都是一個企業是否能夠得以長期發展的關鍵，但是很多企業老闆卻又都在感嘆用人難。爲什麼呢？如果我們稍微留意一下就會發現，很多老闆在用人的時候會開一堆空頭支票：「好好幹，只要你努力，漲工資一定不成問題！」「你放心，只要你把這個案子拿下，到時候你還愁得不到好處嗎？」「踏踏實實幹吧，只要能爲公司創造價值，到時候可以給你股份的。」……

然而，當員工將老闆預期的工作都做到位時，老闆卻又開始找另外的藉口推脫：「今年公司效益不好，大家要體諒一下，明年效益好了，年終獎金一定都給你們補上。」「不是我不願意給你這個股份，只是公司還有其他股東，不過，你別著急，我會盡力爲你爭取。」……

試想，一個公司，即使有再豪邁的精神鼓勵，沒有實實在在的物質支持，怎麼能留住人才呢？所以說，當企業或個人獲得成就的時候，一定不要忘了一起拼搏努力的其他團隊成員。只有分享，才能共贏。

在阿里巴巴，馬雲奉行的就是這樣一種感恩文化，他從來不會用幾句蠱惑人心的口號，或是幾行寫在紙上的文字來敷衍員工，而是實實在在地讓員工享受到精神上的尊重和物質上的滿足。

當然，對待員工是如此，對待他的客戶和股東也是如此。

馬雲喜歡看金庸的小說，尤其喜歡《天龍八部》裏面的丐幫幫主喬峰。所以，他也曾一度自嘲爲「丐幫幫主」。創業初期，阿里巴巴員工的工資並不高，最初的創業團隊更是連工資都拿不到，但阿里巴巴的創始人有股權，老員工有股權，空降的高管有股權，加入阿里巴巴滿四年的員工都可以擁有股權。在阿里巴巴每年舉行的「五年陳」頒獎儀式上，獲獎員工不僅可以得到一枚白金戒指，還可以得到公司贈送的寶貴股權。這就是馬雲所推行的全員持股制。

但是，在當時，雖然很多員工都拿到了期權，但阿里巴巴的上市似乎遙遙無期，以至於很多人並不珍惜那張紙，他們一度和馬雲提出：「我不要期權，工資多加一點兒行不行？」

這種狀況一直持續到併購雅虎中國之後。二〇〇五年八月，包括高盛亞洲、摩根史坦利亞洲公司在內的承銷團隊開始爲阿里巴巴上市做籌備工作，並於次年九月二十日在開曼群島註冊。之後，很多員工尤其是管理團隊漸漸意識到，自己拿到的並非一張白紙，「隨著上市的臨近，它越來越值錢了」。

這個時候，馬雲才爲自己澄清，他所謂的期股，原來是對員工的一種實實在在的回饋。

據阿里巴巴B2B招股書披露，與馬雲一同創辦阿里巴巴的蔡崇信持有七六八一萬股，身價上億港元；CEO衛哲持有四八二五萬股，身價上億港元；CFO武衛持有九六五萬股，身價上億港元。

IPO將使阿里巴巴在一夜之間誕生四千九百名「小富豪」。據招股說明書披露，有大約四千九百名員工持股，平均每名員工有萬股，若以十一港元的招股中間價計算，每人通過IPO得到的財富剛好爲一百萬港元。這意味著，整個集團的七千餘名員工中，近七成都成了「富豪員工」。這是馬雲非常樂意看到的結果，他深知，僅僅依靠價值觀和夢想，也是無法長久留住人心的。

對於馬雲的舉動，吳炯至今仍覺得難以理解。他對我說：「馬雲的胸懷，我很佩服。馬雲完全沒必要給他們股份，但他給了很多。」

蔡崇信也說：「馬雲把他自己的很多股份慷慨地分發給十八個創始人，這表明他非常注重團隊，注重朋友義氣。其他的互聯網創辦人都是自己占百分之三十到百分之七十的股份，大股東永遠是大老闆，這樣的公司能否持續發展是個問題。馬雲提出公司是永遠的，人是會換的。這是個健康的理念。」

據統計，在互聯網企業跳槽最高峰的時期，阿里巴巴的跳槽率只有百分之十五，是同領域，甚至是整個行業中跳槽率最低的。原因就在於馬雲一直奉行的企業感恩文化，他用實實在在的舉動感動了員工，使得阿里巴巴在穩定的人員調配中逐步發展和壯大。

8 我不相信有一流的人才，我只相信有一流的努力

在很多人眼中，馬雲是企業價值觀的堅強捍衛者，是電子商務在中國的開山之人，是無數創業青年心中的「偶像」。馬雲的創業模式、戰略和遠見無疑被許多人崇尙，並被視為商界一大奇才。然而，對於這些，他的回應卻是：「我不相信有一流的人才，我只相信有一流的努力。」馬雲在清華創新論壇上表示，知識是可以灌輸的，但智慧需要的是啓迪、喚醒。

從小成績平平的馬雲高考落榜兩次，最後讀的也不是一流大學。踩過三輪車，擺過攤，賣過花，賣手電筒，成立過翻譯社，也被評過「杭州十大傑出青年教師」；之後創辦中國黃頁、阿里巴巴、淘寶……這一路走來，有過榮耀，也有過挫敗，但不管遇到什麼，馬雲都不曾放棄，不懈努力就是馬雲取得成功的不二法門。

剛創辦中國黃頁時，孫彤宇負責網站建設和推廣，吳泳銘和周越紅負責技術，樓文勝負責策劃文案，謝世煌負責財務，張英和彭蕾負責行政和服務，其他人則做網站編輯。因為人手少，分工很初步，多數人都是一人負責好幾塊兒。

但由於大夥的文化水準都不是很高，而接觸的又是互聯網這一高科技的東西，所以，為了提高水準，一有空大家就學習各項有關知識。白天辛苦了一天，晚上還要聚在一起，聆聽由馬雲親

自爲大家講授的英語課。

如今，馬雲已經是統領幾萬人的阿里巴巴的執行總裁了，在用人方面，他依然貫徹著「沒有一流的人才，只有一流的努力」的理念。因此，在他的團隊中，從不以學歷論英雄，也不以資歷論成敗。在他的團隊中，只要你肯努力，他一定會爲你提供機會和平臺。

勤能補拙，這是亙古不變的真理。通過自己的努力和馬雲的精心培養，曾經和馬雲一樣只有本科學歷的孫彤宇已經順利拿到ＭＢＡ學位證書，並作爲阿里巴巴的副總裁，管理著上千人。最初對互聯網並不太在行的阿里巴巴其他成員，通過努力，如今也個個都成了精英。

在德國著名的西門子公司，員工有充分施展才華的機會，工作一段時間後，如果表現出色，都會被提升。即使本部門沒有空缺，也會被安排到其他部門。優秀員工可以根據自己的能力和志向設定自己的發展軌跡，一級一級地向前發展；對那些一時不能勝任工作的員工，西門子也不會把他們打入另類，而是會在合理的情況下，換一個崗位讓他們試一試。許多時候，不稱職的員工通過調整，找到自己的位置，同樣能幹得很出色。

是不是西門子公司的員工一開始就都很優秀呢？答案當然是否定的。西門子公司認爲，一個人要經過不斷的培養才能逐步成長，最終變得更加優秀，這樣的人對公司才更有價值。

李嘉誠也曾說過：「我認爲勤奮是個人成功的要素，所謂『一分耕耘，一分收穫』，一個人所獲得的報酬和成果，與他所付出的努力有極大的關係。運氣只是一個小因素，個人的努力才是創造事業的最基本條件。」

事實證明，後天的努力是一個普通人才成長爲精英的最關鍵因素。因此，對於如何選拔人才，馬雲還曾說過這樣一段話：「進我們公司後有一個月的專門培訓，從第一天起，我們說的就是共同的價值觀、團結精神。我們要告訴剛來的員工，所有的人都是平凡的人，平凡的人在一起，做件不平凡的事。如果你認爲你是『精英』，請你離開我們。」

商場上的競爭說到底就是人才的較量。請到高明的人才當然會高興，這樣就能在競爭中佔據主動地位。但真正高明的領導人會從身邊培養人才，實現員工與企業的雙贏。

自創業以來，阿里巴巴公司最初的十八個創業者現在都已經被委以重任，並且個個都成了「精英中的精英」。正如馬雲說的：「在阿里巴巴工作三年，就等於讀了三年研究生。」他們的工作能力之所以能超越某些專業人才，就是因爲他們已經讀過不止一次的研究生了。

所以說，「沒有一流的人才，只有一流的努力」這句話，在企業管理人才和選拔人才的時候是非常值得借鑒的。一個企業如果想要打造一支有競爭力的團隊，在選擇人才的時候，除了那些一開始就具備專業水準的人，一些有著很強的學習能力和實踐能力的普通人才，也是能給我們創造更多價值的實用人才。

9 不挖人也不留人

現今的商業社會是個人才高度流動的社會，尤其是在高科技行業，跳槽、挖牆腳成了一種普遍現象。有些人爲了高薪不惜拋棄曾經一手培養自己成長的公司，也有些企業爲了能夠找到對自己公司發展有用的「人才」，不惜重金甚至使用給予期權等殺手鐧來吸引他們。更有些人，以能從競爭對手那裏挖到「人才」爲樂。但是，馬雲對此卻不屑一顧。

一直以來，「留人」「挖人」都不符合阿里巴巴的價值觀，因爲馬雲認爲，若是去挖人，意在逼著他們變成「不忠、不孝、不義」的人。對這一觀點，馬雲解釋說：從競爭對手那邊挖過來的人，如果他說出原來公司的秘密，就是對自己的舊主「不忠」；如果他不說，就是對現在的新公司「不孝」；即使不讓他說原來公司的秘密，他在工作中也會無意識地用到，這樣他就「不義」了。

當然，「不挖人」首先是因爲馬雲是一個在任何時候都非常自信的人，他不怕任何對手，不會浪費時間去費盡心思地研究他們，所以就更談不上要去挖牆腳了。馬雲說：「我認爲，真正的競爭還是和自己，所以我們不會去研究競爭對手。只有研究明天，研究自己，研究用戶，才是根本，才是往前看。研究對手只會傷害你，因爲你把你自己的強項丟掉了。」

馬雲不僅要求阿里巴巴不做挖牆腳的事，同時也不允許自己的員工被任何獵頭挖走。馬雲對挖牆腳存在著如此強烈的鄙視、排斥和譴責並不是沒有理由的。

二〇〇五年「阿雅聯姻」的時候，馬雲還沒有從成功的喜悅中緩過來，就被此起彼伏的「挖人」電話給了當頭一棒，幾乎雅虎中國的所有員工都接到了「獵頭」的電話。馬雲意識到了事態的嚴重：「好像全世界的獵頭公司這幾天都出現在了這個公司。」雖然，馬雲最後憑藉阿里巴巴的價值觀穩定了自己的隊伍，但這件事情還是讓馬雲記憶猶新，從此在是否會從其他公司挖人的問題上，他更加堅定了自己反對的立場。

除了「不挖人」，馬雲在管理自己的團隊的時候還堅持「不留人」的原則，就是對辭職的員工不做挽留。因為馬雲知道，員工既然來找你辭職，就基本上已經想好了，這時候，挽留不是最好的方式。

在這個問題上，史玉柱與馬雲的觀點是一致的。史玉柱曾經以自身的真實體驗說明過這一點。史玉柱說：「在早期的時候，我都會挽留他們，但從後來效果看，我挽留的人最後一個都沒有留下來。當然，員工找你辭職，你應該深思兩點：第一點，我有沒有問題？我的企業有沒有問題？有問題馬上修正改進；第二點，搞清他要走的原因，他為什麼走？我能為他做什麼？但目的不是為了挽留他。」

無論馬雲或史玉柱，他們在這個問題上的觀點都是經過多年摸索而得出來的經驗之談。但還是有些企業很熱衷於挖人，總認為其他企業的員工比自己的優秀。可是挖牆腳雖然能夠暫時解決公司優秀人才的缺乏問題，但從管理學角度來看，任何商業上的事情都沒有絕對的完美，我們來看看它的不利方面：挖來的人對組織的內部環境不熟悉，缺乏人事基礎，需要一段時間去適應；管理者對人才的個人情況沒有深入瞭解；容易造成對內部員工的打擊。權衡了二者之間的利弊後，我們可以發現，值得挖牆腳的理由並不充足。而且，試想一下，有誰能保證你今天挖來的人明天不會被他人挖去？能被你挖來的人，也必定能被他人挖走！那時你又應該怎麼辦呢？

所謂君子愛「才」，取之有道。做企業，最關鍵的一點是：你要用自己公司的理念和價值觀去吸引人才，而不是用什麼手段去挖人才。這些挖來的人，即使現在能爲你的公司所用，但若他不認同你公司的理念、價值觀以及發展方向，那麼他被其他人挖走是遲早的事。

當然，若是有員工要離開，你便要好好檢討一下自己，否則，即使你現在能夠留下對方，但是因爲促使他離開的問題沒有得到解決，對方繼續待在你的麾下依然不能人盡其才。所以說，根本沒必要在挖人與留人的泥潭裏掙扎。如果有時間，不妨好好思考一下如何從根本上解決團隊的管理問題，這才是解決「人才危機」的根本之道。

首先，**搞好人才儲備**。在穩定本身隊伍建設的基礎上，通過有預見性的人才招聘、培訓和崗位短期高節奏的培養鍛煉，豐富團隊的人才資源，這樣才能不懼怕任何對手來挖牆腳。

其次，**加強內部的溝通**。通過溝通使資訊在成員之間流動，使成員之間加強瞭解，增進友誼，促進團結，一個氣氛融洽、感情深厚的團隊是很難有牆腳可挖的。

此外，**完善合理化建議制度**。合理化建議制度能夠讓員工直接參與企業管理，使管理者和員工保持經常性的溝通，大大激發員工的積極性和榮譽感，滿足員工的成就感，促進員工的使命感，增強企業的整體凝聚力，從而有效地阻止「挖牆腳」行為的發生。

最後，**做好員工的職業生涯規劃**。越是優秀的員工，越要有完善的職業生涯規劃，這是留住他們的一個有效手段。要把員工的職業生涯規劃和員工的工作年限、工作業績緊密結合起來，讓員工清楚地知道自己能在公司裏獲得什麼，走什麼樣的道路。

馬雲之所以不怕別人來挖自己的牆腳，就是因為阿里巴巴團隊不僅做到了以上幾點，而且還做得非常好，每一個阿里巴巴的員工都能夠安心工作，馬雲自然就對所有的「獵頭」不屑一顧了。

10 不拋棄，不放棄，不讓任何一個夥伴掉隊

一個優秀的團隊，必須有多樣化的人才組合，大到高層管理，小到每個員工，缺一不可。身為管理者，不怕來源不同有「山頭」，只有善於使用和依靠各具能力的人物，才能最大限度地實現優勢互補，孕育出朝氣蓬勃的創造力，形成克敵制勝的凝聚力。

馬雲笑稱自己的團隊就像「動物園」，這裏容納了各種古裏古怪的人。有些人只會幹活不會管人；有些人只會交際不會管理……員工來自十六個國家，有德國人，嚴謹得有點冷酷；有哥倫比亞大學畢業後在美國銀行做了八年研究的秘魯人；還有韓國人、美國人。他們的生長環境、文化背景都完全不同，有的人可能五分鐘都不說一句話，有的人說起話來卻一套一套的，讓人應接不暇。

馬雲說：「互聯網是一個高科技行業，人們肯定更相信一個海歸的ＭＢＡ，而不願意看到一個杭州師範學院出來的老師在那裏折騰。」而事實上，就是這個「滿嘴跑火車」的師範畢業生，把一個個各具才情的人物聚集在自己周圍，甚至在公司最困難的時候，這些人還願意與其共度難關。

那麼，馬雲身上到底有何種磁力，吸引著越來越多的哈佛大學、史丹福大學、耶魯大學的優秀人才聚集到阿里巴巴，成爲馬雲的核心團隊呢？

這裏，除了馬雲不屈不撓的創業精神之外，團隊凝聚力也影響著身邊的每一個人。

從軟銀集團董事長孫正義，到前世貿組織總幹事薩瑟蘭，還有前瑞典ＡＢ公司的副總裁蔡崇信，他們都是名震四方的人物。蔡崇信之後，又有雅虎搜索引擎的底層專利發明人吳炯、ＧＥ前高管關明生等人加入，另外，還有和馬雲一起創業的「十八羅漢」，等等。這幫人表面上看起來參差不齊，特點、類型都完全不同，他們爲什麼都聽馬雲的呢？馬雲說：「進了公司就是朋友，我是捏他們的水泥，他們是石頭。阿里巴巴也是水泥，可以將沙灘上的小石頭捏在一起抗衡大企業。」

所以說，一個成熟的創業者，必然有著屬於自己的創業團隊，而在創業團隊中也必然有落後的成員。對創業者來說，以尊重人性、挖掘人的內在潛能爲宗旨，努力通過創造一種寬鬆、信任的外在環境來充分發揮人的主動性、團隊精神、責任感、創新性，才更容易造就一個良好的團隊，同時也更能成就優秀的個人。

正如馬雲說的：「不讓任何一個隊員掉隊！」這其實應該是所有創業者的共識，爲什麼呢？

第一，簡單放棄不利於打造一個成功、高效率的團隊。因爲，這樣做只會讓團隊成員處於一種緊張的工作環境中，心理壓力大，每日惶惶不安，同事關係也會很緊張，團隊精神差，這種環境下的員工有一種被動感和被指使感。這樣會很容易使員工想到，今天你可以簡單地放棄他，等到我的價值被榨取幹了，你也可能會簡單地放棄我。

第二，簡單放棄易帶來抱怨。被放棄者口服心不服，有時甚至會不擇手段地報復創業者，這樣的例子在商場上不勝枚舉。

當然，單憑嘴說要增強團隊的凝聚力是不行的，在實際行動中，馬雲也一點不含糊。爲了讓每個員工都跟上團隊的腳步，他給所有員工都提供了學習的機會，以此來滿足他們希望不斷提高自身價值、不斷成長的需求。

總而言之，商場如戰場，那些準備創業或者正在創業的人，若要打造一支高效的團隊，一定要本著「不拋棄，不放棄」的精神，也要牢記馬雲的忠告，不讓任何一個隊員掉隊。只有如此，團隊才能夠強大，企業才能夠發展。

11 讓每一個員工快樂地工作

在一個企業裏，如果每個員工都能感受到工作產生的樂趣，並能發自內心地快樂工作，那麼他們的工作效率和執行力就會大大提高。當然，是否能激發員工的工作樂趣，就要看領導怎麼做了。

馬雲就是一個致力於把阿里巴巴打造成一個快樂團隊的領導，他非常懂得怎麼激勵員工，並讓員工在快樂的氣氛中快樂工作。那麼，他是如何做的呢？

在阿里巴巴，只要員工願意，他甚至可以穿溜冰鞋上班。馬雲認爲，在企業中員工第一，領導第二。沒有員工，就沒有這個網站。也只有他們開心了，客戶才會開心。而客戶們那些鼓勵的言語，又會讓他們發瘋一般地去工作，這又使網站得以不斷地發展。

馬雲經常會製造出各種花樣逗員工開心。他經常和員工們眉飛色舞地聊業務，並在聊天中不露聲色地給些啓發；他還喜歡和員工們一起玩圍棋、玩電玩，可是他玩得不好，常常是輸多勝少，引得員工們總是笑他的「功力」太差。

除此之外，如果你有機會參觀阿里巴巴，一定會看到馬雲的辦公室牆上掛著一幅照片：照片上是一位蒙著面紗的「新疆姑娘」。這是二〇〇五年九月在阿里巴巴與雅虎中國的杭州大聯歡晚會上拍的，但是，很多人或許想不到，這位「新疆姑娘」竟然就是馬雲本人。

在阿里巴巴，不僅僅是這些領導人會被馬雲帶動，做出一些超乎人們想像的行爲，那些普通員工也會受到馬雲的感染，不但工作起來認真、努力，玩起來也是竭盡瘋狂之能事。

二〇〇六年十一月，當衛哲辭去百安居中國區總裁職務，來到阿里巴巴的時候，一下子就被當時員工的工作氣氛搞矇了。當衛哲就自己的不解詢問一位淘寶網的新員工時，對方給他的回答是：「難道你不覺得這是理所當然的嗎？」事實是，兩個月前，這位新員工還因不能理解公司的「瘋狂」而獨自竊笑。

這個傳統零售業的「銷售狂人」此後發出了這樣的感嘆：「這恐怕是中國笑臉最多的一個公司了，而且執行力超強。」

說起來，衛哲與馬雲也算是老朋友了。他們第一次相遇是在二〇〇〇年一月，那時候，他們一起去美國給哈佛商學院的學生們講課。當時，馬雲激情四射地描繪著電子商務的未來，衛哲則聽得半信半疑，並沒當回事。二〇〇三年，馬雲第一次向衛哲正式發出加盟邀請，衛哲沒有回應。二〇〇六年，馬雲再次找到衛哲，他並沒有直接邀請他，而是問了一句：「你快樂嗎？」事後，衛哲表示，就是這句話，讓他下定決心加入阿里巴巴。衛哲承認，這句話直指人心。做事力求完美的衛哲一向是敬業的典範，但是樂業呢？這是他從未想過的。

馬雲一直積極致力於讓自己的員工「上班像瘋子，下班笑咪咪」，而不是把工作當成負擔，每天像個苦行僧一樣地活著。用他的話說：「沒有笑臉的公司是痛苦的。」凡是有助於推動快樂文化的任何事情，馬雲都樂此不疲、親力親爲。

阿里巴巴快樂工作的理念贏得了人們的稱讚。在阿里巴巴當選爲「ＣＣＴＶ中國年度十大雇主」之一時，馬雲再次發出一番豪言：「我們兩次被『中國十大雇主公司』提名……我們希望在四五年之內成爲『全球十大雇主』之一，我們希望在五年內成爲年輕人最希望加入的公司！」

在一次給阿里巴巴的員工家屬的回信中，馬雲說：「我覺得阿里巴巴的最佳作品應該是我們朝氣蓬勃的阿里人。一批每天能把工作後的笑臉帶給家人，第二天能把生活中的快樂和智慧帶回工作中的人！我希望的阿里人是一批有夢想、有激情、能實幹但很會生活的人！把生活和工作對立起來的人一定不是真正的阿里人！至少他還不夠『阿里』！」

馬雲的宗旨是：「希望大家爲了自己，爲了家人，爲了讓阿里巴巴真正地健康發展而快樂工作、認真生活。」

第十課

最重要的是明白客戶需要什麼

1 要相信客戶都是懶人

在阿里巴巴的企業文化中，非常重要的一條就是，要讓員工相信「客戶都是懶人」。爲什麼這麼說呢？馬雲自有他的道理。就拿他自己來說，他只會用電腦收發郵件、流覽網頁，不會看VCD，不會使用繁瑣的網路工具。他相信，大多數客戶也像他一樣，不喜歡看說明書，也不希望別人告訴自己怎麼用。因此，他在阿里巴巴商務網站推出之初，就讓技術人員做得儘量簡單易用。他說：「麻煩的事要留給自己，客戶只要打開網站，點擊就行了。」

在阿里巴巴併購雅虎中國之初，爲了把阿里巴巴的企業文化用最快捷的方式傳遞給原雅虎的員工，馬雲召開了和他們的正式見面會。

在這次會議上，馬雲向所有的員工拋出了「大多數客戶都是懶人」的理論，並爲之做了詳實的論述。後來，馬雲在這次會議上的生動講話在網路上廣爲流傳。

爲了讓員工們認同自己的觀點，也爲了繼續宣揚快樂的精神，馬雲開始在古今中外尋找更有說服力的例子。於是他接下來不失幽默地說：

「比爾・蓋茲是這個世界上最富有的人，他上學時懶得讀書，於是就退學了。他當了程式師，又因爲懶得記那些複雜的ＤＯＳ命令，於是，他就編了個圖形的介面程式，叫什麼來著？於是，全世界的電腦都長著相同的臉，而他也成了世界首富。可口可樂是世界上最值錢的商業品牌，但它的老闆實在太懶了，弄點兒糖精加上涼水，裝瓶就賣。於是全世界有人的地方，大家都在喝那種像血一樣的液體，儘管中國的茶文化歷史悠久，巴西的咖啡香味濃郁。麥當勞是世界上最厲害的餐飲企業，可它的老闆也是懶得出奇，因爲懶得學習法國大餐的精美，於是弄兩片破麵包夾塊牛肉就賣，結果全世界都能看到那個M的標誌。必勝客是全球最大的披薩專賣連鎖企業，它的老闆更懶，因爲懶得把餡餅的餡裝進去，就直接撒在麵餅上就賣，結果大家管那叫Pizza。」

馬雲這樣說的意圖是想讓大家明白「事實勝於雄辯」的道理，從而證明自己不是在胡說八道。

馬雲接著說：「其實，這世界上還有更懶的人呢。有人懶得走路，於是他們製造出汽車、火車和飛機；有人懶得爬樓，於是他們發明了電梯；懶得出去聽音樂會，於是發明了唱片、磁帶和ＣＤ。這樣的例子太多了，我都懶得再說了。還有那句廢話也要提一下，生命在於運動，你見過哪個運動員長壽了？世界上最長壽的動物叫烏龜，牠們幾乎一輩子都不怎麼動，就趴在那裏，懶得走，結果能活一千年。」

馬雲的幽默讓大家發笑，但誰都知道馬雲的目的不僅僅是要逗大家一笑。很快，馬雲就把話題轉移到了工作上來。馬雲說：

「回到我們的工作中，看看你公司裏每天最早來最晚走，一天像發條一樣忙個不停的人，他是不是工資最低的？那個每天遊手好閒，沒事就發呆的傢伙，是不是工資最高？據說還有不少公司的股票呢！我以上所舉的例子，只是想說明一個問題，這個世界實際上是靠懶人來支撐的。世界如此精彩都是拜懶人所賜。現在你應該知道你不成功的主要原因了吧！」

馬雲這次妙趣橫生的演講是給雅虎員工上的一堂課，旨在向他們宣揚阿里巴巴的企業文化。

本來，作爲跨國公司雅虎的員工是一件非常驕傲的事情，但雅虎中國卻被阿里巴巴這個當時還未上市的公司收購了，相信大部分雅虎員工一時間都會難以接受。考慮到這種心態，馬雲就用了這麼一種非常幽默的方式來告訴雅虎中國的員工，在以後的工作中要根據客戶的需求改變方法。阿里巴巴認爲「客戶是懶人」，於是規定了要以「客戶第一」，替客戶著想，這是阿里巴巴的企業文化。雅虎中國的員工必須認同這一文化，以顧客爲導向。

而且，這種「懶人」精神也是馬雲自己所一直信奉的。馬雲覺得，這個世界都是靠懶人來支撐的，懶不是傻懶，如果你想少幹，就要懶出風格、懶出境界。

馬雲的懶人理論意在告訴我們，要處處爲客戶著想，客戶懶得做什麼，我們就要做什麼，充分滿足客戶的懶惰需求。

比如，我們要通過實踐，讓客戶得到最方便快捷的服務。當客戶拿不定主意，需要你推薦的時候，你就要盡可能多地推薦符合他要求的東西。比如在阿里巴巴網站，多款連結同時列出，最好可以在每個連結後附上推薦的理由和品質保證的憑據。

在工作中，馬雲也把懶的作風堅持了下來。因爲馬雲不懂電腦技術，而且懶得學，他經常說：「我連在網上看VCD都不會，電腦打開我就特別煩，拷貝也不會弄，我就告訴我們的工程師，技術是爲人服務的，人不能爲技術服務，再好的技術如果不管用，都是瞎掰，就要扔了。我大概做了一年左右的品質管制員，他們寫的任何程式我都要試試看，如果我發現不會用，就會趕緊扔了，我說百分之八十的人都跟我一樣蠢，不會用。」

在馬雲看來，東西要做得簡單，讓客戶可以拿起來就會用，做到方便、簡潔，這樣不僅能讓客戶節約琢磨它怎麼用的時間，還能給客戶帶來好心情。

所以，爲了方便客戶進行整個電子商務的操作，馬雲與中國郵政合作，完成了物流方面的建設；與銀行合作，推出了支付寶，解決了資金流問題。

馬雲不懂網路技術而且又懶得學，他對程式提出的測試要求大大簡化了阿里巴巴網站中各種功能的使用方法，這反而推動了阿里巴巴的快速發展。

2 要先讓客戶賺錢

阿里巴巴網站上曾有這樣一段視頻，是在阿里網站做E百變假髮的運營商嚴蕾，關於「阿里接單，五步輕鬆搞定」的講座。其中講到了「公司要賺錢，先要讓經銷商（客戶）賺錢」的經營理念。

仔細分析這句話，其中的道理非常明確，如果經銷商無法通過你的品牌賺到錢，那你又如何讓經銷商不斷地來公司批發貨物，如何讓經銷商不斷去推薦公司的產品呢？市場永遠不缺產品，只有產品會缺市場。經銷商有錢賺才會有品牌忠誠度，沒錢賺自然就不會對你的品牌忠誠，即使你的產品確實很好。

在阿里巴巴，一直就在延續「公司要賺錢，先讓客戶賺錢」的經營理念。馬雲在創立淘寶網之初，曾經對淘寶執行總經理孫彤宇說：「三年內不準備贏利。」此語一出，頓時一片譁然。每個商家都知道，對於企業而言沒有贏利就意味著沒有出路，尤其是在互聯網這樣一個硝煙瀰漫的商戰中，企業家們紛紛尋找贏利空間和贏利模式，可馬雲爲什麼偏要反其道而行呢？

在阿里巴巴，前面三年所有服務都是免費的，在淘寶網也一樣，這是阿里的戰略戰術，也是一個品牌的樹立過程。

他認爲，中國的個人網上交易還處於起步階段，只有實行全面免費的策略，才能培養出更多的「網購客戶」。果然，一時間，「淘寶網將繼續實行免費政策，淘寶網三年內不準備贏利」的消息，吊足了大眾的胃口。

但更多的業內人士並不理解馬雲這近乎於瘋狂的做法，甚至有相當多的人認爲他這樣做是在「燒錢」。面對外界對淘寶網贏利能力的諸多懷疑和揣測，馬雲的回答是：「我們覺得真正大規模收費的時間還沒有到，目前個人電子商務網站採用的收取交易費等方式未必適合中國的國情；當然，另一方面，我們有足夠的底氣，也有充足的信心，按照阿里巴巴目前的贏利能力以及現金儲備，我們完全可以再造三個類似於淘寶網的網站，而且阿里巴巴在收費之前，也經歷了三年的免費階段。」

「我們知道花錢和燒錢的區別，我們也知道費盡心機去賺小錢與將來水到渠成規模贏利之間的選擇。」馬雲經常講，「如果一個人腦子裏想著人民幣，眼睛看到的是美元，嘴巴吐出來的是英鎊，這樣的人是永遠不會真正把客戶的需求放在第一位的。」而只有不考慮自身利潤，先讓客戶賺到錢，才能長久地留住客戶，自己也才能賺到大錢。也就是說，「讓自己的會員賺到錢，並不是說會員口袋裏有五塊錢，然後我們拿一塊錢，而是要幫助客戶把口袋裏的五塊錢變成五百塊甚至更多，這個時候，會員會非常願意給你五十塊錢」。這就是馬雲用「免費」來培養客戶的出發點。

除此之外，馬雲還有另一方面的考慮，他認爲，免費讓每個部門都沒有了贏利的指標和壓力。對於網站運營部門來講，他們的目標就是把網站變得更簡易、更方便、更讓會員感到親切；對於技術部門來講，他們要把這個網站變成最穩定也最安全的購物場所；對於公關市場部門來講，他們最大的任務就是盡最大的力量去普及網路購物的概念，讓更多的人參與到這個進程中來。

馬雲的精明之處就在於他的高瞻遠矚，在於他犀利而獨到的眼光。馬雲知道，只有「免費」

才能爲淘寶網的用戶帶來最大化的收益。三年的免費，讓淘寶和阿里巴巴一樣，成了中小企業都非常青睞的電子商務網。這個時候，曾經發出質疑之聲的人們才終於悟出了馬雲的良苦用心：原來，馬雲的心中早就打好了算盤，他免費的目的就是爲了培養客戶。

其實馬雲的用意早就可想而知了，他所制定的淘寶網免費政策所挑戰的顯然並非自己的腰包。如果說一個人做企業最終的目的是利益和利潤，那麼馬雲也不例外。之所以一直維持不贏利的網站運作，馬雲除了要在客戶心中建立一個品牌商家之外，也是在走一條「曲線救國」的道路。正如馬雲自己說的：「積聚這麼多現金，我們是用來準備打仗的。」從馬雲殺氣騰騰的話語中我們不難體會，他的目標其實早就直指培育市場多年、剛剛在收費上嘗到甜頭的eBay易趣。

免費的淘寶網所發出的暗示信號就是針對eBay易趣的：如果eBay易趣不能實行免費，那麼它的大部分客戶將很可能流失至淘寶網。因此，在國內的C2C市場上，免費的淘寶網在培養客戶的同時，也已經開始向收費的國內最大的C2C網站eBay易趣發出了挑戰。

「公司要賺錢，先讓客戶賺錢」這一經營理念，是企業經營理念的提升，也是企業經營理念的革命！從客戶的角度去經營公司，想方設法地爲客戶省錢，客戶賺錢了，自己也就賺錢了。現在這個時代已經很少有暴利了，而市場競爭又如此激烈，我們可以讓利，但是我們絕對不能讓市場。不斷站在客戶的角度去思考問題，不斷節流降低成本，客戶賺錢了，市場做開了，自己的公司也就自然而然地賺錢了。

3 客戶永遠是對的，把客戶放在第一位

馬雲喜歡看金庸小說，他把自己的經營理念比作是「六脈神劍」，而這六脈神劍中的第一劍就是「客戶第一」。馬雲不僅把「客戶第一」作爲公司核心的經營理念來奉行，他的用人標準也是必須接受這種理念才能夠順利加入阿里巴巴。

雖然客戶第一是人們常談的一個話題，但如何做到客戶第一並不是一件容易的事情。當公司利益與客戶利益發生衝突時，把客戶利益擺在第一位才是真正的客戶第一。

在阿里巴巴內部就發生過這樣一件事：阿里巴巴有一個業務員，爲了做某個山東一線城市的房地產商的生意，向客戶許諾說，阿里巴巴能把他的房子賣到世界各地去，以此爲誘餌，他順利做成了這位客戶的生意。儘管這給阿里巴巴帶來了六位數的收入，但阿里巴巴仍然把錢退給了客戶，並對這名員工進行了處理。

事後，阿里巴巴B2B總裁衛哲解釋說：「爲什麼說把客戶利益放在第一位？如果按照股東的利益，這個錢該收。但按照客戶利益第一的原則，阿里巴巴這樣做就是在欺騙客戶！阿里巴巴根本就無法把房子賣到世界各地去，這顯然是業務員誇大了阿里巴巴的能力。」

如今，阿里巴巴的員工已經達到數萬名，馬雲說：「我們不能保證每個員工都能夠把客戶利

益放在第一位，但是我們訓練的時候必須要這樣要求。」

在阿里巴巴公司的大廳裏，掛著一副別致的關係表，它的最上面是客戶，然後是直接面對客戶的員工，再往後才是股東、CEO、CFO等領導人。馬雲認爲，客戶是衣食父母，他說：「只有做到客戶第一了，我們才有錢賺，因爲錢是客戶給的呀！」

在現代社會，想創業、想當老闆乃至企業家的人比比皆是。但是，創業者們從創業初期就應該清楚一點，你的衣食父母是誰，也就是說，你的客戶在哪裡，你是否有客戶支持你創業。

作爲一個創業者，不管你是從家裏拿錢，還是向朋友借錢，或是向銀行貸款，如果沒有客戶給你錢，你的企業最終還是會經營不下去的。一個企業只有先爲客戶著想，客戶才能爲你創造利益。事實上，無論是從哪裡借來的錢，始終是需要還的，只有客戶給你的錢，不僅不需要還，你的企業做得好，他們還會持續地向你購買產品或服務。

在商界有這樣一種現象：一般來說，在數量龐大的創業人群中，那些業務員或者做行銷出身的人，其創業成功的幾率往往比較大，這是爲什麼呢？就是因爲，他們的心裏有著非常濃厚的客戶意識，知道客戶才是自己的衣食父母。

馬雲爲什麼會宣導「客戶第一，員工第二，股東第三」的經營理念？原因就在於只有客戶給錢，員工才能收得到錢，只有員工把錢收回來，股東才能賺到錢。然而，有些老闆總喜歡別人都圍著自己轉，把自己放在第一位，不理會客戶的利益，這是不會產生經濟效益的。所以，創業者千萬別把順序顛倒了，好的企業一定是以客戶爲中心、以市場爲導向的。創業者背後的老闆是客戶，只有把客戶服務好，創業才能取得成功。

道理雖然是這麼說，但事實上，多數創業者卻不是這樣看問題的。他們認爲，我是老闆，員工就得聽我的，他們以自我爲中心，以贏利爲導向，從來不考慮客戶的感受，也不去瞭解市場的需求，只會盲目地決策和行動，這樣的企業在競爭激烈的商戰中絕不可能支撐太久。

員工從你手上拿工資，或許會乖乖地聽你的，但是客戶不會聽你的，你無法滿足他們的需要，他們憑什麼還給你送錢呢？如果客戶不給你送錢，那麼誰給老闆發工資呢？老闆沒有收入，他又拿什麼給員工發工資呢？發不出工資，員工又怎麼會聽你的？這樣迴圈下來，企業就只有死路一條。

所以，一家企業能不能做好，關鍵在於老闆是否重視他的客戶，員工能否服務好客戶。爲了讓企業正常發展，我們一定要本著「一切爲客戶」的宗旨來爲客戶服務，比如：

第一，要適時地爲客戶提供增值服務，爲企業樹立良好的服務品牌。爲客戶提供及時、有效的增值服務，是樹立服務品牌、構建和諧經營環境的前提。盡力幫助客戶解決在經營過程中遇到的實際困難，努力培養客戶的忠誠度。

第二，要加強情感連接，提高與客戶的親和度。在日常工作中，企業領導人及員工要加強與客戶的溝通，關心客戶的經營情況與實際困難，並以自己的實際行動幫助客戶解決困難，增強親和力。

第三，構建和諧的經營環境。企業老闆以及員工要在日常的工作中，時時、事事、處處爲客戶考慮，做到一切從客戶出發、一切爲客戶著想、一切對客戶負責、一切讓客戶滿意，這樣才能牢牢抓住每位客戶。

事實上，不管你把企業做得多大，客戶都是你最大的依靠，如果你不誠心地把客戶當作你的衣食父母，不懂得去服務客戶，那你的創業之路肯定會受到極大的限制與破壞。所以作爲一個企業老闆，你要時刻記住，把客戶的需求放在第一位；把客戶的利益放在第一位；把客戶的問題放在第一位……總之，把客戶的一切放在第一位。

4 為客戶創造價值——客戶成功，你才成功

很多創業者一旦踏上創業路就開始抱怨生意不好做。可馬雲卻說：「天下沒有難做的生意。」他認爲，那些人之所以會抱怨生意不好做，是因爲他們只追求自己利益的最大化，沒有站在客戶的立場考慮問題，沒有顧及客戶現實的、正當的利益。

馬雲說：「絕大多數做生意的人，看到張三口袋裏面有五塊錢，看到李四口袋裏面十塊錢，他就會想怎麼把這個錢弄到自己的口袋裏。」

他還說：「一個銷售員腦子裏想的都是錢的時候你連寫字樓都進不去，你會發現寫字樓裏面有很多紙條，上面都寫了什麼？謝絕銷售。而且銷售人員絕大部分都穿得差不多，保安能夠馬上把你拎出去。因爲你腦子裏想的都是如何賺別人的錢，如果你覺得我這個產品能幫助客戶成功，幫助別人成功，這個產品對別人有用，那你的自信心就會很強。」

馬雲認爲，如果你希望成就一個偉大的企業，希望把企業做成像海爾、海信，像GE、IBM、微軟這樣的公司，那麼你要想的就是如何用自己的產品，幫助客戶將口袋裏的五塊錢變成四五十塊，然後從多出來的錢裏面拿到自己要的四五塊錢。

一個企業老闆在做生意的時候，如果能先考慮客戶的利益需求，再考慮自己的利益，就會很容易找到雙方利益的契合點。事實上，這種共贏式的交易，很少有客戶不願意做的。

著名管理大師彼得・德魯克曾說：「企業的目的就是創造和保護客戶。」那麼，如何創造和保護我們的客戶呢？他解釋說：「爲客戶提供有價值的服務。」企業與客戶的關係不僅僅是簡單的供求關係，它是建立在長期合作基礎上的榮辱與共、互惠互利的關係；是共生共贏、共同成長的夥伴關係。只有客戶成長了我們的企業才能成長和發展，所以，如果你能夠關注客戶的成長，給客戶盡可能大的回報，讓客戶賺更多的錢，幫助客戶成功，你的企業自然就可以健康、持續地發展了。

如何做到這些，以下幾點需要我們特別注意：

第一，企業應以誠信爲本，做到精益求精，生產放心的產品，讓客戶對我們有足夠的信心。

第二，要實現爲客戶提供有價值的服務，企業內部就必須全員參與進來，否則無從談起。

第三，企業要讓每一位員工都清醒地認識到，「爲客戶提供有價值的服務」這句話的深刻含義就在於：我的這個工作機會來自於我的客戶而不是企業老闆，也不是我的上級，從而能夠在具體辦事過程中時時刻刻想著爲客戶提供有價值的服務，做好本職工作。企業的銷售人員要不斷提高自身能力，不僅要給客戶傳遞各種資訊，教客戶如何做市場，更重要的是要動手幫客戶做事，這樣的銷售人員一定會受到客戶歡迎，也有利於拉近客戶與企業的距離，提高客戶的滿意度。這是銷售人員爲客戶提供有價值服務的最佳方式。

第四，如果我們的企業不是終端供應商，那麼我們要將「爲客戶提供有價值的服務」這一經營思想傳遞給我們的供應商，並且獲得他們的認同。只有供應商與企業建立了良好的合作關係，提供了合格的原材料，我們才有可能爲客戶提供優質的產品和有價值的服務。

第五，如果我們面對的客戶不是終端客戶，中間要通過經銷商，那麼，我們就要和經銷商共同爲我們的終端消費者提供有價值的服務。這裏，建立起完善的經銷商檔案是我們最基本的職責，建立起完善的消費者檔案就更是體現「爲客戶提供有價值服務」的最有效手段，也是爲經銷商提供的最直接、有價值的服務。

第六，把打擊竄貨與打擊假冒偽劣放在同一高度來重視，加強市場規範化管理，爲經銷商營造一個良好的、有秩序的市場環境，這就是最好的創造和保護客戶的方法，也是「爲經銷商提供有價值的服務」最現實的措施。

第七，凡是注重品牌行銷的企業，其品牌化的產品無不遵循市場銷售價格統一的原則。因此，要想做到爲經銷商提供有價值的服務，就必須統一我們產品的終端銷售價格。

全員行動起來，將「爲客戶提供有價值的服務」這一經營思想真正落實到具體行動中，形成上上下下共同的行動綱領，這樣的企業無法不受人尊重，無法不健康成長，無法不持續發展。這是企業的軟實力，也是企業無法被複製的真正競爭力。

在參加美國知名主持人查理•羅斯（Charlie Rose）的脫口秀節目時，馬雲說：「在大多數商學院裏，教授們教的都是如何賺錢、如何管理企業，但是我想告訴大家的是，如果你想經營企業，那麼首先你要提供價值、服務他人、相互幫助，這才是關鍵所在！」

的確，正如馬雲所預測的，廿一世紀，幫助別人、爲他人創造價值將是每個企業的主流經營方式。那麼從現在起，爲了達到自己的賺錢目的，開始著手爲客戶創造價值吧！

5 為客戶提供一流的服務，贏得客戶的支持

曾經，馬雲給他的員工們講過一個關於一塊布的理論的故事。他說：「我媽其實從來沒有買

過電器，但是她說要買海爾的空調。我說海爾要比別人貴，而且不見得它的品質就好，現在的電器都差不多，爲什麼一定要買海爾？她說，他們到家裝空調會帶一塊布把地擦乾淨。」

正如馬雲說的，服務是最昂貴的產品。就因爲這一塊布，顧客可以不在乎你的東西是否要比別人貴，這聽起來有點不可思議，但馬雲卻說：「這塊布擦的不是你們家的地板，也不是你們家的機器，而是客戶的心。」

在服務上，海爾做得可謂盡善盡美。他們的「一條龍」服務，不僅在產品設計、製造購買、上門設計、上門安裝、回訪、維修等各個環節都有嚴格的制度、規範與品質標準，甚至細緻到上門服務時會先套上一副鞋套，以免弄髒消費者家中的地板；安裝空調時先把沙發、傢俱用布蒙上，服務完畢再用抹布把電器擦得乾乾淨淨；臨走時還把地打掃得乾乾淨淨，並請用戶在服務卡上對服務進行打分。

另外，他們公司還有一條明文規定，技術人員上門服務的時候，要自帶礦泉水，不能喝用戶一口水，不能抽用戶一支菸。海爾服務中的每個細微之處都是「真誠」這一核心價值無言而生動的體現。馬雲所要學習的就是海爾這種爲顧客服務的精神。

與海爾相似，肯德基速食業也在爲顧客提供一流服務上花盡了心思。當你走進肯德基時，給你帶來最大欣慰的可能就是服務員的微笑了。服務員和藹可人的微笑，可以讓廚房裏的員工們安心地忙碌工作，讓客戶就餐時如沐春風。這樣，客戶自然會滿意服務員的態度，這也就等於對你公司整體形象的認可。

現代人的消費觀念是花錢買舒服，享受一下當「上帝」的感覺。比如，某些酒樓生意不佳，不明真相的總經理總以爲是自己廚師炒的菜不合客戶胃口，或者裝修不夠華麗等原因，殊不知，服務員的態度才是致命傷。如果有上好的廚師、豪華的大廳，卻聘用傲慢無禮的服務員，酒樓的生意肯定不景氣。相反，如果有上佳的服務態度，即使你的飯菜不怎麼合胃口，裝潢也不怎麼華貴，也很難讓客戶拂袖而去。

優質服務在某種程度上是一個成功品牌中最重要的可持續性差異優勢。產品是容易被競爭者仿造的，而服務則因爲依靠了組織文化和員工的態度，很難被競爭者模仿。超過六成以上的消費者因爲服務水準低或不滿意而放棄曾經選擇過的品牌（商家）。但如果商家能及時處理好各類投訴，就能挽留住不少顧客。

在阿里巴巴，「客戶第一」處於其價值觀的頂層，其內容就是要求企業以高品質的服務來贏得客戶的信賴。

關於客戶第一，阿里巴巴的闡述是：客戶是衣食父母。無論何種狀況，都要微笑面對客戶，體現出我們的尊重和誠意。在堅持原則的基礎上，用客戶喜歡的方式對待客戶。爲客戶提供高附加值的服務，使客戶資源的利用實現最優化。平衡好客戶需求和公司利益之間的關係，尋求並取得雙贏。

在阿里巴巴，所有銷售人員必須回杭州總部進行爲期一個月的學習、訓練，主要學習的不是銷售技能，而是價值觀、使命感。

「客戶第一」是把阿里巴巴的具體業務與馬雲定下的遠大目標聯繫起來的鏈條。在公司和產品設計方面，它是一個需要貫徹的原則；而在業務層面，所有阿里巴巴的服務都將圍繞著這一原則展開，因爲這樣的服務能增加客戶滿意度。這種優勢，在有競爭對手的時候，往往是客戶選擇阿里巴巴的重要因素。

馬雲說：「我們那時候要用一塊布贏一塊錢，在所有的互聯網公司都在挖空心思賺客戶錢的時候，我們的想法是，反正我們賺不到錢，那就挖空心思幫助客戶成功吧！這是我們當時的出發點。所以，服務意識在二〇〇一年、二〇〇二年就已經深入到了阿里巴巴人的腦子裏面，直到今天，我們阿里巴巴的六大價値觀的第一條就是客戶第一。」

到了二〇〇四年，阿里巴巴已經做到了國內第一，甚至是國際上的B2B領域的第一。很多人都認爲阿里巴巴已經完全有能力上市了，但馬雲卻認爲阿里巴巴上市的時機還沒到，他這樣解釋說：「我們現在不急於上市，因爲我們還要做得更加完善，把客戶服務得更好。」

6 必須傾聽客戶的意見

如今，各個行業都在網上推出了「試用品」，其中包括試用書店、試用軟體、試用電影等等。對此，有關人員解釋道：「試用是爲了聽客戶的聲音，瞭解客戶需要什麼。在網上推出這個試用產品，客戶來試用，說明他們對這個產品感興趣。」對於一個企業來說，只有推出的產品能讓用戶產生興趣，才能贏得市場。

其實，對於這種試用潮，在傳統行銷中我們也屢見不鮮。比如，我們常常能看到超市化妝品櫃檯推出試妝、商場服裝店鋪推出試穿、酒店或者某個食品行業推出試吃產品等。商家這麼做都是爲了什麼呢？當然是意在傾聽客戶的意見。一件產品上市，如果沒有客戶的支持，必定會被打入冷宮。因此，商家們想出各種各樣的辦法來讓客戶評價產品的好壞，從而決定是否大量生產。

的確，傾聽客戶的意見，對於如今這個到處充斥著各種產品的商業市場來說，是至關重要的。

就互聯網的發展空間，馬雲說：「虛擬市場的興起帶來的衝擊是巨大的，一種新的經營與銷售模式的誕生，將迫使企業積極改變自己、趨向形勢。互聯網對資訊、情報的敏感度遠遠超過過去任何一種管道。因此臨沂的中小企業，尤其是做批發生意的企業必須通過互聯網迅速瞭解消費者，瞭解中央客戶群體的消費需求。」他還說，「以前是工廠先生產東西再尋找客戶，而現在是客戶需要什麼東西，工廠按照需求生產。」

一個企業要想發展，追求創新是必然的。因爲創新是企業成長的基礎，有創新，企業才能有進步。但是創新的第一先決條件是，要考慮到消費者對於創新產品的心理反應，據此擬定行銷策略才能將創新產品順利地介紹到市場上，缺乏任何一種因素的考慮都可能招致失敗，斷送一個新產品的前程。

傾聽客戶的聲音、瞭解客戶的需求往往是一個企業成功的關鍵因素。如果我們留意一下身邊就可以發現，產品還沒有大批量上市，但針對這一產品的市場調查倒是不少。當然，一般來說，做這種市場調查的公司大抵都是一些比較成熟的企業，因爲他們非常清楚，只有客戶需要的東西才是企業真正要推廣的產品。

7 幫客戶站起來走路

很多創業者功利心太強，面對客戶，首先想到的是自己怎麼賺錢。眼下對自己有利的就去做，而對於無法直接爲自己創造利益的事情他們則堅決不做。殊不知，這樣往往會錯過最好的賺錢機會。作爲一個企業，如果只爲自己的利益考慮而無視客戶的利益，客戶是不會長久支援你的。沒有客戶的支持，你的企業自然也就談不上賺錢或者發展了。

正如馬雲說的：「如果做企業以賺錢爲目的，肯定不會走太久。」「假如所有賣家都賺不到錢，雅虎日本想賺錢，淘寶網想賺錢，那真是不可能的。只有在我們雙方賣家都賺錢的情況下，我們才有可能賺錢，這是最基本的一個規矩。」

在如何爭取客戶方面馬雲自有一套。在很多人都爭著做門戶網站，企圖賺大公司、大企業的錢時，馬雲卻以中國百分之八十五的中小企業爲客戶對象，推出了Ｂ２Ｂ商務網站模式，成立了阿里巴巴。他的這一舉措不僅僅是爲了讓自己賺錢，更是爲了解決大多數中小企業的資訊推廣問題，當然，在這同時，賺錢也就水到渠成了。

在阿里巴巴有一項服務叫「中國供應商」服務，簡單地說，「中國供應商」就是用來幫助中國中小企業走出國門，和更多國際供應商攜手合作的。

阿里巴巴給「中國供應商」的普通會員提供了一個網路空間，客戶可以在上面發佈產品的資訊以及十張產品圖片，同時阿里巴巴會將其行業收錄進不同的光碟中，定期參加國外的一些展會，提供樣品展示、行業手冊推廣、供應商光碟和買家匹配服務。

「中國供應商」的高級會員除了享受以上服務外，還能享受一項在阿里巴巴內部的資訊排名服務。會員可以爲公司制定八個關鍵字，還可以爲每個產品制定三個關鍵字，當買家搜索這些關鍵字時，可優先看到其產品資訊。

同時，在售後服務方面，阿里巴巴後臺可以追蹤其資訊的回饋量。如果會員連續幾個月的資訊回饋量不佳，工作人員將主動聯繫該會員，並幫助其進行調整，修改定制方針。另外，阿里巴巴還會爲會員提供一些關於外貿的基本禮儀、常識等方面的服務。

爲了提高客戶的誠信度和贏利水準，阿里巴巴還組織了諸多培訓，這些培訓主要由供應商培訓、百年會員培訓、以商會友俱樂部和會員見面會組成。

二〇〇二年七月，淘寶網成功問市，作爲賣家和買家之間的橋梁，馬雲在淘寶網上爲客戶提供了技術平臺的支援，將「淘寶大講堂」搬到了全國各地，手把手地教賣家如何開店、如何提高流覽率、如何獲取貨源、如何提高網店影響力等，還召集賣家交流生意經。這一系列服務讓客戶既放心又舒心。

馬雲深知，只有幫助客戶站起來走路，培養出一批高素質、能經營、會經營的賣家，才能吸引更多的買家前來淘寶。

二〇一〇年五月十日，阿里巴巴集團旗下的淘寶網與軟銀集團控股的雅虎日本對外宣布，它們共同架設的首個跨國中日網購平臺將在六月上線。這意味著，數億中國消費者可以通過淘寶網直接購買來自日本市場的八百萬件本土特色網貨，日本用戶則可以通過雅虎日本直接購買物美價廉的「中國製造」。

首個跨國中日網購平臺的設立，讓中小企業看到了希望：或許不必考慮在國外開展業務所必需的經營場所和雇傭員工，也不用考慮國際交易中的語言問題、結算問題及複雜的配送問題等，只要通過淘寶網或雅虎日本就能做買賣。

對此，馬雲說：「我們一直沒有停止幫助小企業『走出去』，我們一直沒有停止過在全球化時代利用互聯網手段迅速瞭解海外市場，學習怎麼跟日本企業做生意、怎麼跟歐洲企業做生意。」他還表示，阿里巴巴從來不追求形式主義，「走出去」就是爲了幫助淘寶賣家去賣貨。

對於這個跨國平臺首選日本市場的原因，馬雲解釋說：「我們選擇日本市場，是因爲日本市場跟中國最爲互補，中國消費者喜歡日本最新款的產品。我相信淘寶網的所有賣家能夠學會服務全球最挑剔、對品質要求最高的日本消費者，因爲淘寶網的賣家都很年輕。網購市場剛剛開始，眼前重要的不是先賺錢，而是先學會服務好客戶。」

馬雲一直聲稱，做企業是爲中國創造就業機會、創造價值，爲買家和賣家提供越來越便捷的交易平臺……當然，這也是阿里巴巴一直以來的價值觀。

在馬雲看來，阿里巴巴不以賺錢爲目的，幫助客戶站起來才是阿里巴巴的出發點，但這卻讓他贏得了更大的商機，也得到了贏利的最終結果。

8 成為客戶最滿意的公司

很多創業者從開始創業那天起，就力求做一個客戶最滿意的公司。但這說起來容易，做起來卻並不容易，這要求企業中的每位成員都要以此爲宗旨，將產品成本、產品品質、供貨及時性等方面的潛能發揮到極致。

除此之外，你如何服務客戶、如何做到誠信等細節也是至關重要的。

首先，你是否能做到不斷收集和研究客戶需求，並盡可能地按照客戶的需要去做事？企業要實現中長期的穩定成長和發展，就必須不斷收集和研究目標客戶群的產品和服務需求，並將資訊積極有效地回饋、融入到自身的產品和行銷策略中去。只有這樣，才能在激烈的競爭中提高已有客戶的滿意度，吸引新客戶。

其次，你能否和客戶建立親善關係，針對不同的客戶做一對一的個性服務？

一個企業，應著重鼓勵員工站在客戶的角度思考應該提供什麼樣的服務，以及怎樣提供服務。同時，在與客戶的交往中，要善於聽取客戶的意見和建議，表現出對客戶的尊重和理解，要讓客戶感覺到企業特別關心他們的需求。

第三，你能否積極解決客戶的抱怨？

據統計表明，對於絕大多數公司，百分之十的客戶的抱怨可以得到妥善解決，而剩下的百分之九十則會給公司帶來這樣那樣的負面影響。作爲一個希望穩定而長期發展的企業，一定要對這種事做到妥善處理。比如，要給客戶提供抱怨的管道，並認真對待客戶的抱怨，在企業內部建立處理抱怨的規章制度和業務流程，如規定對客戶抱怨的回應時間、處理方式，並對抱怨趨勢進行分析等。

在阿里巴巴，馬雲經常化身爲客戶，充當抱怨者的角色：我不想看說明書，也不希望你告訴我該怎麼用。我只會點擊，打開流覽器，看到需要的東西就點進去。如果做不到這一點，那你就有麻煩了。

即使在後來使用淘寶和支付寶這些網站時，馬雲也是個測試者。他和淘寶的總經理打賭，隨便在路上找十個人做測試，如果有任何顧客說他對使用網站有疑問，那麼淘寶的經理就會被懲罰，如果大家都能使用，完全沒有問題，那麼他就有獎勵。所以這個測試是爲了確保每一個普通人都能使用網站，不會遇到任何技術上的問題，只要進入，然後點擊就行了。

馬雲說：「我說的話代表世界上百分之八十不懂技術的人。他們做完測試，我就進去用，我不想看說明書，如果我不會用就扔掉。」

馬雲的這種做法無疑是高明的，他是在產品投入社會之前就盡可能杜絕客戶可能會產生的抱怨。現在國外之所以會流行「產品體驗員」的職業，原因也在於此。

不過，顧客的抱怨對企業來說雖然是非常嚴重的警告，但是，一個企業也不可能一下子就做到盡善盡美，讓所有人滿意。這個時候，如果發現有抱怨的客戶，我們一定要誠心誠意地去處理這件事，爭取做到讓顧客滿意。

在松下擔任社長及會長的松下幸之助就常常接到客戶寄來的抱怨信件。

有一次，一位大學教授給松下寫了一封信，抱怨他們學校向松下公司購買的產品發生了故障。松下立刻請一位負責此事的高級職員去處理這件事。起先，對方因為東西發生故障顯得不太高興，但這位負責人以誠心誠意的態度向他解釋，並做了適當的處理。結果不但令客戶感到很滿意，同時還好意地告訴這位負責人如何到其他學校去銷售。像這樣以誠意的態度去處理客戶的抱怨，反而獲得了一個做生意的機會。

所以，松下經常感謝曾對他們抱怨的客戶。借著顧客的抱怨，使他們得以與顧客建立起另一種新的關係。對把抱怨說出來的人來說，也許說句「再也不買那家的東西了」就不再追究了。但是松下公司對於向他們表示不滿的人，即使是想說「再也不買了」的客戶，仍然十分熱情。所以客戶一看到他們的人來，便會說「專程到這裏來的啊」，這句話足以表示客戶已感受到公司的誠意。所以妥善處理客戶的抱怨是很有必要的。

如果創業者在接到抱怨或斥責的信後，處理得馬馬虎虎，那就很可能從此失去一個顧客。因此，當你的產品或項目受到指責時，首先應該想到「這正是一個獲得顧客的機會」，然後慎重地處理，找出令顧客不滿的原因，並妥善地解決問題，誠心誠意地去爲顧客服務。

另外，作爲企業的老闆，或者企業中的成員，替客戶想到他沒有想到的，也是贏得客戶滿意度的一個非常重要的條件。我們知道，並非所有的客人在產品及其相關問題上都是專家，如果你是企業的銷售人員，那麼在很多問題上，你都要比你的客人知道得更清楚，或更加有經驗。所以在這個問題上，您要做到替客人想他沒有想到的，替客人做他不能做到的，這樣才能讓你的客人滿意。

馬雲就曾講過這樣一段故事：在杭州有一家很有名氣的飯店，有一次，一個客人約了客户到這家飯店用餐，點好菜後他們坐在那裏等上菜。

大概過了五分鐘，餐廳經理過來對客人説：「先生，您的菜再重新點吧！」客人不知道什麼狀況，餐廳經理説：「您的菜點錯了，您點了四個湯一個菜。您回去的時候，一定會説飯店不好，菜也不好，實際上是您的菜點得不好。我們有很多好菜，應該點四個菜一個湯。」

客人感覺這家飯店很有意思，很人性化，懂得為顧客著想。

最後，當客人重新點菜的時候，經理又對客人説：「您沒必要點那麼多，兩個人點這些就夠了，不夠可以再點。」

正如馬雲說的：「從這件事情上，我們領悟到了爲客戶服務的真諦。爲客戶著想，客戶滿意了，企業才會成功。」

的確，一個企業要想做強、做大、做久，就要把「提高顧客滿意度」作爲經營宗旨，把如何贏得客戶、維持客戶、將一次性客戶轉化爲長期客戶、把長期客戶轉化爲終身客戶作爲企業競爭的重點。

9 誠信為本，貼心服務，讓客戶購買放心產品

俗話說，商道即人道。創業者能否取得成功，很大程度上取決於其做人、做事的方法與原則。一些爲人處世的優秀品質，尤其是誠信，本身就是創業者的寶貴財富。對創業者而言，誠信是贏得客戶的必然條件之一。

二〇〇一年，中國企業「入世」，爲更好地開拓國際市場，阿里巴巴推出了「中國供應商」

服務，向全球推薦中國優秀的出口企業和商品，同時還推出了「阿里巴巴推薦採購商」服務，與國際採購集團沃爾瑪、通用電氣、Markant和Sobond等結盟，共同在網上進行跨國採購。

然而，這種服務的推出雖然解決了一部分人的需求，但更多的人擔心的是在網上交易能否保證誠信問題。

正如「現代管理之父」彼得・德魯克所講：「互聯網很大程度上依賴於電腦所能做的事情，但它並不能使我們做一些從未做過的事情，而且還有某些事情它是做不來的。上星期來我這裏諮詢的一家消費品公司，是歐洲少數幾個最先使用電腦的公司之一，我們當時談到如何選擇供應商，他們當中的一位先生說：『我們做決策時考慮的最後一個因素是，我是否信賴這個人？』我問他爲什麼這很重要，他說：『因爲當你陷入某種危機時，你靠的是你的供應商幫助你來擺脫困境。那種眼睛裏只有金錢的供應商和那些將客戶關係放在第一位的供應商之間有很大的不同，這些事情是亙古不變的。而判斷力，正是電腦無法逾越的障礙』。」因此，這就需要電子商務公司來解決資訊流中的誠信問題。

馬雲生長在私營企業發達的浙江，他深諳周圍中小企業的困境和他們的需要。經過跟客戶的交流、調查，阿里巴巴發現，有很大一部分企業因爲擔心誠信問題而不願意在網上交易。我們知道，在過去的幾千年中，中國人向來都是依靠人和人之間的關係來保持誠信的。而在網路上，人與人之間都隔著一塊螢幕，連對方的樣貌都不清楚，更何談誠信。

在網上，阿里巴巴又針對自己的會員做了調查，調查顯示，中國的「九一九誠信日」的支持率高達百分之九十八，可以看出他們對誠信建設是非常支持的。阿里巴巴的商人會員最關心的就是「信用」，因爲他們每天都要到阿里巴巴網上進行商務活動和交流。

馬雲說：「能不能獲得可靠的『信用』預期是商務活動中一個很重要的先決條件。用傳統的方式去瞭解信用，成本高，效率低。如果一個要賣棉紗的新疆供應商遇到一個要買棉紗的東北商人，兩者怎樣才能瞭解對方？怎麼知道求購者是不是競爭對手來查價格？同樣，求購者怎樣才能相信賣方的承諾、產品的品質？其中一定有許多顧慮。這是一個在電子交易中很普遍的問題。」而國內線上支付系統的不發達、郵政網路的滯後、誠信環境的缺位、電腦的欠普及、人均相對GDP的低水準，使得安全支付問題更爲突出。

於是，爲了提高客戶的誠信度和贏利水準，阿里巴巴組織了多種形式的培訓。爲了構建自己的客戶誠信體系，阿里巴巴先後推出了企業誠信認證方式「誠信通」和支付寶擔保交易模式，並提出「只有誠信的商人能夠富起來」的口號，旨在以誠信打造資訊流，建立完善的網上虛擬市場。

阿里巴巴的「誠信通」和淘寶網的支付寶的推出，不僅解決了阿里巴巴和淘寶網自己的客戶誠信問題，也解決了企業與企業之間的誠信問題。

然而，誠信至上不僅僅是馬雲的行銷之道，對我們大部分的傳統企業來說，誠信也是企業生存和發展的根本。那麼，在傳統行銷管道中，我們該如何做到保持自己的誠信形象，贏得客戶的信任呢？有些專家通過分析，認爲企業應從以下幾個方面來建設自己的誠信形象。

第一，**企業財務信用**

企業在財務方面一定要遵守財務信用制度。比如，在與金融機構、供應商、客戶交往時是否按合同約定及時支付應付款項，這是維護企業財務信用的基本保證。

第二，**產品信用**

企業提供的每一單位產品的品質都必須符合其約定提供產品的品質。比如，不生產假冒僞劣產品；嚴格按照規定的生產程序生產產品，保證生產出的產品符合約定的品質；對上市產品嚴格控制產品的保質期，確保產品在保質期內進行銷售；對已發現的存在缺陷的產品及時進行處理與調換，保證客戶購買的產品都是符合約定品質的產品等。

第三，**促銷信用**

企業在產品的促銷過程中，其促銷行爲必須與其產品、企業所宣傳的相一致。比如，不做虛假、誇大其詞的廣告；不做虛假、僞劣的銷售促進活動等。

第四，**服務信用**

企業必須提供符合其所宣稱的服務標準的服務。比如，是否能按約定準時提供產品；是否能按約定對產品進行售後服務；是否能按約定實現產品的換、退貨；是否提供與約定相符合的服務態度等，這是關係企業服務信用非常重要的環節。

一個企業只有做好了這幾個方面，才能爲自己樹立良好的的公眾形象，才能贏得客戶的信賴。這樣處處爲客戶著想、以誠信爲本的企業，自是客戶們最青睞的對象。

第十一課

競爭的最高境界是把它當成一種樂趣

1 誰想壟斷誰就會倒楣

在馬雲率領的淘寶一舉打敗eBay之後，業界開始有人傳言馬雲試圖壟斷中國電子商務市場。對此，馬雲表示，自己追求的是「經歷」，成功也好，失敗也罷，都是經歷的一部分。他說：「我將來還會去幹老本行——教師，當企業家永遠有比你更成功的，但像我這樣經歷的老師恐怕沒幾個。」

他還說：「這世界上永遠不要想壟斷，永遠不要做壟斷，也做不成壟斷。資訊時代誰想做壟斷，誰就會倒楣。」事實上，在馬雲看來，競爭不過是一種遊戲，但是，遊戲有遊戲的規則，正因爲他本人一直遵守這種遊戲規則，才能在屢次不被人們看好的競爭中遙遙領先。

然而，有很多企業，他們競爭的目的就是要壟斷某個行業，爲的是加大利潤空間，賺更多的錢。事實上，正如馬雲說的：「在一個行業裏，一枝獨秀是不行的，也是危險的。」當你事事都處於領先的時候，你的行業對手便會把所有的矛頭都指向你，正應了那句「槍打出頭鳥」的俗語。甚至因爲你的領先，別人會聯合起來對抗你，一旦這種局勢形成，你在明處，敵人在暗處，並且敵衆你寡，試想你的勝算還有多少？

所以在商業競爭中，尤其是在一個還不成熟的行業中競爭，壟斷心態是不能有的。如果只是一味與競爭對手爭輸贏，而不顧市場的平衡與發展，那麼必將遭到市場的懲罰。

正如馬雲說的：「在中國，只有三足鼎立才能使一個行業發展起來，至少做大三家才會有錢賺。一個很好的例子是ＴＯＭ進來了，三大門戶網站不打架了，爲什麼？因爲大家都成熟了，這個行業也漸漸成熟了。」

這也就是競爭對手共同把蛋糕做大的市場效應。市場的擴大使企業獲得的份額也相應增大，正如競爭戰略第一權威——哈佛商學院的邁克爾・波特教授所言：「『競爭對手』的存在能夠增加整個產業的需求，而且在此過程中，企業的銷售額也會得到增加。」

所以，競爭的目的不是壟斷。良性的競爭既能讓企業本身獲益，也能讓整個行業發展得更加迅速。

2 競爭是你成長的助推器

在當今硝煙滾滾、戰火密佈的商業戰場中，如果你只是一個弱不禁風、乳臭未乾的生手，想要在商界中站穩腳跟實在不是一件容易的事。因爲你不僅要接受客戶的檢驗，還要迎接對手的挑戰。

馬雲說：「人要被狠狠PK過，才會有出息。」在酷似戰場的商界中，敢於競爭是創業者把公司做大、做強的一個必然要求。有些人，當對手的矛頭指向自己的時候，只會一味地妥協、讓步，這樣只能讓你走向失敗。而有些人，面對競爭對手時依然不屈不撓，即使明知道勝算無幾，也要背水一戰，因爲他們非常清楚，這樣做至少還有一線希望，而主動退讓只有死路一條。

馬雲無疑是一個敢於競爭的企業家，阿里巴巴就是在競爭中逐漸蛻變成蝶的。對此，馬雲形象地比喻道：「就像武俠小說裏所描寫的，一個有資質的人才總會在一次又一次的比武中得到一些非同尋常的頓悟，進而功力大增。」

在二〇〇二年七月之前，邵亦波等「海歸派」一直是中國國內C2C線上拍賣領域的龍頭老大。當時的市場局面是：全球C2C霸主——女將惠特曼領導下的eBay網，在二〇〇二年三月以三千萬美元購買了「易趣」百分之三十三的股份，而僅僅是三個月之後，eBay網又向「易趣」追加一億五千萬美元的投資，收購餘下的百分之六十七的股份，實現了對易趣的完全控股。就這樣，由邵亦波等人在一九九九年創辦的「易趣網」，在互聯網這個行業「贏家通吃」規律的作用下，成功地實現了兩「易」的合併。

但馬雲並沒有被這種陣勢嚇倒，在這之前，馬雲就率領他的團隊在杭州開始秘密地製造另一個C2C網站，準備挑戰這個行業的霸主。二〇〇三年七月，馬雲正式宣布：阿里巴巴投資一億元，進軍C2C領域。

馬雲此舉並非一時衝動，而是經過深思熟慮之後的戰略抉擇。多年之後，馬雲在接受《第一財經日報》的採訪時說：「其實我們為進軍C2C市場準備了八到十個月的時間，還成立了一個部門來專門運營這項工作。去年已經有很多大型品牌廠商進行了嘗試，大概兩三個月以前，就有很多的廠商進來開店，他們都反映效果非常好，這才促使我們現在推出來。」

事實上，商業舞臺時常都是風雲變幻的。二〇〇七年八月三十日，TOM線上宣布啓用「易趣網」全新平臺，正式脫離eBay，長達四年之久的eBay易趣時代正式宣告終結，取而代之的是全新的阿里巴巴時代。

在商界就是這樣，只要你敢於挑戰對手，你就有贏的機會。

3 善於選擇好的競爭對手並向他學習

人們常說「對手是你學習的榜樣」。但是，由於受「同行是冤家」、「對手即敵人」等觀念的影響，人們從來都只會仇視競爭對手，更別談向競爭對手學習了。

如今的商界有這樣一些失敗者，他們或是逃避競爭，或是輕視競爭對手，他們被打敗以至消亡的一個重要原因就是單純地仇視對手，漠視競爭對手的長處，不願虛心向競爭對手學習。

然而，就像武俠小說裏所描寫的那樣，一個有資質的人總是在一次又一次的比武中實現自身的進步。而這個有資質的人，他的身上必然有這樣一種特質：善於選擇好的競爭對手並向他學習。所以，在現實的商戰中，競爭者往往能成為最好的老師，而選擇優秀的對手也就顯得尤為重要了。

當然，若是競爭對手是個賴皮型的，別說向他學習了，就算你不去招惹他，你們之間也會陷入到惡性競爭中；而如果你選擇了一個優秀的競爭者，那麼你要做的就是了解對手，學習對手，最終超越對手。

正如馬雲說的：「競爭者是你的磨刀石，把你越磨越快，越磨越亮。」在馬雲看來，競爭最大的價值不是擊敗對手，而是向競爭對手學習，發展自己。

eBay在全球C2C市場的實力以及對中國市場的窺視，使馬雲選擇了eBay作爲競爭對手。在淘寶總裁孫彤宇看來，eBay是一個非常好的「陪跑員」。

孫彤宇說：「就像小時候我考體育，跑百米有一個非常深刻的體會，兩個人兩個人地考，我就找一個比我差的人，我覺得我比他跑得快，感覺很爽。可後來我發現不對，我要找一個比我跑得快的，這樣兩個人一塊跑，我才能跑出比原來好的成績，因爲他跑在我前面，我就會想要超過他，這是『陪跑員』的責任。對於企業來說，這可能很自私。但如果身邊有一個跑得慢的人，你確實很爽，尤其是當離得很遠時，你會不斷地回頭去看，甚至還會停下來朝他望望，有可能還點根菸抽抽。所以，我們要的是比我們跑得快的人。」

而馬雲也認爲，競爭是一種遊戲，不是你死我活的戰爭。電子商務行業的成熟是多個互聯網公司共同發展的結果，只有競爭才會帶來更快速的發展。

他說：「我希望到時候能看到一個百花齊放的景象。阿里巴巴爲其他公司提供了經驗教訓和資源，其他公司發展起來，也會給阿里巴巴帶來很多好處。」

無論是企業或企業中的個人，有競爭心理是一種非常積極的態度。有競爭才能激發動力、增強活力，促使企業或個人不敢懈怠，從而不斷推進企業或個人進步。

事實上，在我們的生活中，尤其是在商場中，競爭無處不在、無時不在。有的人把自己的競爭對手當作榜樣，跟隨他，學習他，然後讓自己變得更強大。而有的人則把競爭對手視爲「毒蛇猛獸」，視爲老死不相往來的「敵人」，甚至千方百計地詆毀對方，不擇手段地爭奪競爭資源。

還有一些人，在競爭對手面前不知道學習對方的優點，總是企盼把對手一棒子打死，或是仰天長嘆「既生瑜，何生亮」。

馬雲曾經說過這樣一段話：「打著望遠鏡也找不到對手，我看到的都是我學習的榜樣，這家公司不錯，我得好好學學，咦，這個也不錯……」

的確，「人外有人，天外有天」。向競爭對手學習，這是最直接也最能看到自身不足的方法。從競爭對手那裏學會競爭，在與競爭對手的比較中不斷完善和發展自己；向競爭對手學習，還要善於總結別人的成敗得失。尺有所短，寸有所長，不要羨慕別人的成功，更不要鄙夷別人的失敗，應學會分析和總結現象背後的本質，找出別人失敗或成功的原因，取其長補己短，這樣才能不斷豐富自己、超越自我，從而獲得更大的成功。

一個非常出色的職業經理人說：「我的很多知識、經驗，都是從我的競爭對手那裏學來的。」從他人，尤其是對手的成功經驗中總結經驗，加以變通和運用，才是一個企業實現快速成長的途徑。

除此之外，馬雲還說：「當有人向你叫板的時候，你要首先判斷他是一個優秀的競爭者，還是一個賴皮的競爭者，如果是一個賴皮的競爭者你就放棄。但是在我們這個領域裏，我首先自己去選擇競爭者，我不讓競爭者選我，當他還沒有覺得我是競爭者時，我就盯上他了。」

在馬雲看來，被動地被當作競爭者，往往就是敵人在暗處你在明處，當對方向你開炮時你卻只能糊裏糊塗地跟著打。但是，如果你能主動選擇競爭者，那麼就成了敵人是被動，正如馬雲說的：「所以這幾年別人在模仿我們，卻不知道我們究竟想做什麼，我選競爭對手的時候首先要看他們要去幹什麼，我在那裏等著。」

4 永遠不說競爭對手的壞話

阿里巴巴網站的出口企業用戶曾收到過一些匿名傳真，稱美國「國際反僞聯盟」已經把阿里巴巴定義爲「世界各地假貨供應商和批發商彙集的地方」，這顯然是一次「被某些競爭對手公司幕後操控的不正當競爭行爲」。

阿里巴巴的發言人金建杭表示：「我們認爲，任何企業在競爭中都應該遵守基本的商業準則，靠實力競爭，特別是作爲國際企業，更應該尊重各個國家的政府及企業。阿里巴巴公司將用更好地爲中國和全球企業服務來證明自己的實力。」

阿里巴巴的這一聲明，再一次讓業界刮目相看。其實，早在營運初期，阿里巴巴就給自己制定了兩個鐵的規定：第一，永遠不給客戶回扣，誰給回扣，一經查出立即開除，否則客戶會對阿里巴巴失去信任。第二，永遠不說競爭對手的壞話，這涉及一個公司的商業道德。馬雲堅持所有在阿里巴巴上網的商業資訊都必須經過資訊編輯的人工篩選。

正如萬通投資控股股份有限公司董事長馮侖所說：「企業價值觀就像立牌坊，二十年不夠，四十年也不夠，爭取自然而然不用守它也在那裏，這就是未來阿里巴巴的一個出路。」阿里巴巴從創業之初到現在，一直堅持著這種企業的價值觀，並且還將繼續堅持下去。

然而，在我們的周圍，常常有些人爲了銷售自己的產品而不惜詆毀競爭對手。如果這只是企業中銷售人員的個別行爲，而企業又不加以制止，那麼企業很可能會敗在這樣的人手裏；而如果是企業本身爲了在競爭中凸顯優勢而極盡可能地去貶低別人，抬高自己，那麼這樣的企業即使能夠得意一時，也無法長久發展下去。

從現實生活的實例中，我們就完全可以證明這一點：比如說，一位顧客想要買車，在第一家車行，銷售人員給他介紹完車的品牌優勢、車型、品質等有關問題之後，接著說：「你知道旁邊那個車行嗎？他們品牌的車排氣系統一向做得不好。幾年前，他們的某款卡車就在全美出現了排氣系統的問題……」

雖然顧客當時不會說什麼，但是心中卻已經完全否定這個車行了。因爲這個銷售人員企圖用貶低競爭對手的方法抬高自己，他關注的不是顧客的需要，比如哪個汽車的款式和配置比較適合顧客等，而是急於做成這筆生意。其實，這樣做不僅無法贏得客戶的好感和信任，甚至還會讓他懷疑這個車行的售後服務品質。

所以，永遠不要說競爭對手的壞話。惡意攻擊競爭對手就是在告訴潛在客戶：你充滿了仇恨、憤怒，甚至可能是卑鄙的，這通常會無意識地讓你的競爭對手占上風。

尤其是作爲企業的領導人，更要嚴格杜絕員工用「詆毀競爭對手抬高自己」來進行產品推銷。當然，爲了提高自己的銷售率，我們大可以用其他方法，比如：你是一家初創的公司，而你的競爭對手是一家大型、穩健的公司。你經過調查後知道，競爭對手的客戶服務功能不是很完善，員工常常以傲慢的態度對待客戶；相反，你的公司非常易於相處。因此，在和顧客介紹自己的時候，你要盡可能地指出你的優點，讓客戶自己做比較，而不是直接去貶低競爭對手。

比如，你可以問一個讓潛在客戶思考的問題：「除了提供有關商品的基本服務外，我們還可以確保提供全程免費跟蹤服務，或許您已經有了圈定的供應商？」

潛在客戶：「我們已經和某某公司聯繫過了。」

企業銷售人員：「他們是相當大的公司。你和他們的客服聊過他們的服務措施嗎？」

潛在客戶：「沒有，爲什麼要聊這個？」

企業銷售人員：「我聽說他們有自己的做事方式，你可能希望他們的服務文化能符合你的需求。」

請注意，你沒有說過任何對競爭對手不利的話。恰恰相反，你實際上在讚揚他們。但是在潛在客戶從競爭對手那裏購買之前，一旦遇到什麼問題，他會首先想到你這裏。因爲，他所遇到的問題，很可能就是你提醒他的地方。

當然，要做到這點，你首先要有開闊的胸懷。在與競爭對手過招的時候，即使被別人打敗，也不心存怨恨，只怪自己功夫不精，從此苦練本事，認真研究對手的長處和自己的短處，確定自己有了足夠的實力後再去比試，這才是良性狀態下的競爭，它更能推動你自身的發展。

5 培養強者心態，寧可戰死不被嚇死

很多創業者，在最初創業的時候表現出了一副雄心勃勃、誓死不屈的模樣，可一旦碰到行業中強大的競爭對手就會萎靡下來。在他們看來，自己原本就是一員小將，如果不自量力，與對手抗衡，必定會損兵折將，敗得很慘。然而，他們這樣的心態首先在氣勢上就矮了別人一截，如果真正戰鬥起來，自然沒有多少勝算。

商場如戰場，雖然不會像打仗那樣爭個你死我活，但商場鬥爭的殘酷性也是不容小覷的。

「網路上面就一句話，光腳的永遠不怕穿鞋的。」這是馬雲的經典語錄之一。馬雲在競爭時的確有一種狠勁，他以「光腳的永遠不怕穿鞋的」爲精神動力，逢敵敢於亮劍，出招從來不按常理。面對eBay這樣強大的競爭對手，他主動亮劍，建立淘寶，向其發起挑戰。按理說，那個時候在互聯網行業比馬雲有資格、有實力去挑戰eBay的人多的是，但大家都在做觀望狀。因爲誰都明

白，eBay是當時C2C在國內的巨頭，如果輕易去和對方抗衡，不敗則罷，一旦敗了，慘局將無法收拾。

而馬雲卻沒有因此而退縮，面對強者，他依然能沉著應戰。在競爭過程中，他又身先士卒，採用神鬼莫測的攻勢，使淘寶網這個剛「牙牙學語」的「嬰兒」不可思議地戰勝了行業「巨人」eBay。

很多人之所以失敗，大抵都是敗在了自己主動放棄的心理上。這些人失敗了還常常給自己找藉口，認爲對手太強大，占盡了優勢；或是自己生不逢時，這個時代不能給他成功的機會；甚至舉出一大堆例子，某人影響了他的決策，某人又干涉了他的行動，等等。

然而，有著強者心態的人們，在戰場上會奮勇殺敵，即使敗下陣來，他也從來不會給自己的失敗找藉口，他們會勇敢地面對事實，總結經驗，一有機會，便再次向著自己的理想方向進發。只要始終如一地保持強者心態，那麼你總有一天會變成真正的強者。

6 知己知彼乃競爭取勝之要旨

《孫子兵法》中有句話說：「知己知彼，百戰不殆；不知彼而知己，一勝一負；不知彼，不知己，每戰必殆。」意思是說，在與敵人作戰的時候，既瞭解敵人，又瞭解自己，便能百戰百勝；不瞭解敵人而只瞭解自己，勝敗的可能性各占一半；既不瞭解敵人，又不瞭解自己，那就只有每戰必敗的份了。

這一戰略思想不僅被古今中外的軍事家們推崇，如今更被應用於各個領域，備受商界青睞。因為，軍隊是在戰場上拼殺，企業是在市場上拼搏，二者有極大的相似性。在廿一世紀的今天，要想在商戰中擊敗對手，就需要我們自己對對手有所瞭解，瞭解對手經營的產品、產品銷售的市場、產品的適用消費者、產品原料的供應商等。

馬雲之所以能率領淘寶網擊敗行業老大eBay，有一個很重要的原因，就是他非常瞭解對手，而對手卻忽略了他，正如他自己說的：「我們與競爭對手最大的區別就是我們知道他們要做什麼，而他們不知道我們想做什麼。」

早在這場「戰爭」開始以前，馬雲就長時間關注著eBay的一舉一動，「eBay公司所有的高層資料我們都會詳細分析，他們在世界各地的各種打法，他們擅長的各種管理手段和應招特點，我們都會仔細研究。」馬雲說：「因爲eBay是上市公司而阿里巴巴不是，惠特曼對淘寶的瞭解遠不及我對eBay的瞭解。」

在與eBay的交戰中，馬雲不僅做到了知彼，也做到了知己，他正視eBay的強大，也清醒地認識到淘寶的優劣勢。對此，他有一個形象的比喻：「eBay是大海裏的鯊魚，淘寶則是長江裏的鱷魚，鱷魚在大海裏與鯊魚搏鬥，結果可想而知，我們要把鯊魚引到長江裏來。」「和海裏的鯊魚打，進了大海我們一定會死，但是在長江裏打，我們不一定會輸。」

正是基於對對方的深入瞭解，也明白自己所處的位置，馬雲才能在淘寶與eBay的競爭中遊刃有餘地指揮操控，且沒費太多的周折就將其擊敗。

事實上，不只是馬雲，在激烈的商業競爭中，能夠主動地、客觀地、深入地評估自己和對手的實力，從而採取有效的方法，是每個創業者獲得成功的關鍵要素之一。也就是說，知己知彼是創業者在競爭中走向勝利的第一步。

當然，如何走好這一步，就要看我們下面怎麼做了。

首先，**要「認識你自己」**，即認清自己的優勢有哪些，劣勢是什麼。優劣勢是在競爭中不斷變化和發展的，因而只有在競爭的具體過程中才能認識。當然，值得我們注意的是，「知己」並不是一次就可以完成的，它需要我們在競爭過程中不斷回饋、不斷調節才能做到。

其次，**僅僅「知己」還不夠，還要「知彼」**。比如，首先我們要知道對手是誰、對手的產品在市場上的品牌效應、對手的軍隊數量、能量等方面的資訊。在這裏我們一定要提醒大家，我們不僅要面對直接威脅到我們的對手，更要挖掘出潛在對手或隱藏對手。

在這方面，很多人會「一葉障目，不見泰山」，往往只看到同自己面對面直接進行交鋒和角逐的競爭者，而忽略了那些「坐山觀虎鬥」等著收漁翁之利的潛在對手，但這樣的對手往往更加危險。因爲在你與其他競爭對手交鋒時，他卻在養精蓄銳，一旦時機成熟就突然出擊，使你防不勝防、措手不及。所以，在行業競爭中，除了要瞭解直接威脅到你的對手，還要弄清潛在對手，做好防備，隨時準備對潛在對手的突然襲擊進行反擊。

做到「知己知彼」之後，競爭者便可以根據不同的對手制定相應的對付措施，以己之長克彼之短。一般來講，在「知己知彼」的情況下，有效的競爭策略可以採取進攻和防守兩種方法，這通常包含如下三種技巧。

第一，使自己處於適當的位置，以便在同現有的各種競爭力量抗衡時發揮最佳的防禦作用。也就是說，在競爭結構已基本穩定的前提下，自己可以建立起一種防禦各方面競爭力量的機制，或者選擇各方中競爭力量最薄弱的環節各個擊破，以保持自己的優勢地位。

第二，打破各種競爭力量之間的平衡關係，影響或改變競爭力量的發展進程和力量對比，以此來保持自己所處的相對優勢的位置。

第三，要善於充分利用競爭各方力量的變化。隨著競爭的進行，各種競爭力量之間會發生量和質的變化。競爭者應當敏銳地預見到這種變化，並在其他對手還未意識到之前採取一種與即將出現的競爭格局相適應的對策。這樣，自己就可以在新的競爭環境中處於居高臨下的有利地位，既可進攻，也可防守。

總之，「知己知彼」是奪取勝利的基本前提，也是制定有效競爭策略的基本依據。但我們還要注意一點，在競爭的過程中，要盡可能地顧全自己，不要把自己暴露給對方。

就如馬雲說的：「以前香港的很多人都問我是怎麼賺錢的，我跟他們說，我不告訴你，我爲什麼要告訴你？前幾年你是什麼模式誰都有權利責問你，就像問一個女孩子幾歲了，這是不禮貌的。所以那時候我說我不告訴你，除非你是我的投資者，所以我的投資者在跟了我三四年以後才明白，當然我們這麼說不是永遠不告訴你，上了華爾街以後公司的一切都是透明的。今天的阿里巴巴模式不是我們未來的模式，不跟別人探討模式，並不意味著我們沒有模式，等我們跟你探討模式的時候，我們這個模式已經成了昨天的事情，這是一個做商人的基本道理。如果你告訴別人你的模式有多好，就一定會出問題。」

事實上，一個參與市場競爭的企業，若能做到以上所提的這些，那它就可以遊刃有餘地採取進攻和防守兩種基本策略，爲獲得競爭的最終勝利創造條件。

7 與對手合作：跟對手「死磕」不如結為戰略聯盟

很多創業者都認爲，競爭對手就是敵人，會爲了某些利益爭個你死我活，哪還有合作的可能。但是，當市場要求企業不斷加快創新速度，當全球化的壓力越來越大，曾經短兵相接的競爭對手其實也可以在不損害各自的競爭優勢的前提下結成戰略聯盟。

二〇〇六年，當淘寶與eBay在中國的競爭還未完全分出勝負時，一則消息引起了人們的注意，那就是雅虎和eBay宣布，雙方將建立爲期數年的戰略合作夥伴關係。這則消息讓長期關注eBay和淘寶激戰的業界人士大跌眼鏡。要知道，當時的雅虎中國實際上已經被阿里巴巴完全控制，同時雅虎以十億美元持有阿里巴巴百分之四十的股份。因此，市場分析者懷疑阿里巴巴集團旗下的淘寶網與eBay的競爭將會由於雅虎的介入而受到影響。

對此，馬雲曾公開表示，雅虎和eBay的合作不會影響到淘寶的發展。雅虎在阿里巴巴只是個投資者，最終的決策還是由阿里巴巴來做；而雅虎中國已經是一個獨立的法人實體，美國雅虎的合作不會影響到中國的業務。

並且，馬雲還透露：「事實上，我的參與促成了雅虎與eBay的合作。」在雅虎與eBay兩家接觸了一段時間後，馬雲扮演了進一步牽線搭橋的角色。在他看來，在競爭中有合作是未來互聯網市場的發展趨勢。他向業界聲明，自己雖然喜歡挑戰強者，也向來不害怕競爭，但這並不表示他不會與競爭對手合作。

他說：「我希望在美國出現這樣的先例後，中國市場也能夠隨即引進這種狀態。」馬雲表示，未來不排除阿里巴巴與競爭對手的合作，比如「淘寶與易趣，淘寶與百度，淘寶與Google，都存在這種可能性」。

的確，競爭對手之間的合作常常能爲企業削減投資成本，帶來更大的利潤空間。這主要表現在，雙方通過合作，不僅可以共同分擔產品開發的成本與風險，獲取規模經濟效益，還能共用資源與人才。這樣，它們就可以更快地向市場推出具有競爭力的產品，或與更大的競爭對手抗爭。

比如，通用汽車和福特公司之間的合作、日立和松下電器之間的合作、戴姆勒克萊斯勒和通用汽車之間的合作、通用汽車和豐田之間的合作等。原本他們也都是短兵相接的對手，但是爲了共同的利益、共同的目標，他們放棄競爭，選擇合作，一起開發新產品，分享新理念和新技術，共同開拓市場……

由此可以看出，對手之間的合作不僅能爲自己帶來諸多好處，還能深遠促進整個行業的發展。

當然，我們不能說與對手合作是一個企業發展的必經之路，但在現代商業社會，企業之間本身就是既有競爭又有合作，競爭與合作是每個創業者都要面臨的課題。只有正確認識和處理競爭與合作的關係，才能樹立起正確的競爭意識與合作觀念。如果對雙方的發展都有好處，我們爲什麼不放下曾經短兵相接的積怨而選擇合作呢？

正如馬雲所推斷的，競爭對手之間的合作已經成了如今企業發展的一種趨勢。因爲人們都非常清楚，無謂的競爭必然會導致無謂的結局。生意場上的廝殺儘管也非常激烈，但畢竟不同於戰場，把對手擊敗是戰爭的最高目的，但商業上的合作往往比相互之間惡性競爭更加有力量。

商場上沒有永久的對手，也沒有永久的朋友。所以，我們一定要正確看待競爭與合作的關係，讓企業在競爭和合作中走向成功。

第十二課

跪著過冬，危機是企業獲得重生的好機會

1 創業就是在刀光劍影中求生存

很多人都羨慕那些創業成功的人，在他們看來，那些人整天不用做什麼事情，動動嘴，別人就會把一切都處理得井井有條。然而，他們只看到了創業成功的人們在享受成果時光鮮的一面，卻忽略了他們在商海裏打拼的時候，那種驚心動魄、常常「九死一生」的過程。

有人說：「創業就是在刀光劍影裏求生存。」這話一點不假，創業並不是一件容易的事情，這其中充滿危險，一不小心就可能身心俱傷。

就拿馬雲來說，從創辦海博翻譯社開始，給別人做翻譯到美國追債，結果自己差點無法回國。接觸互聯網後，一心想要做個像樣的中國黃頁，結果因爲得不到客戶的信任而被當成騙子；後來好不容易中國引進了互聯網，澄清了自己不是騙子，但又因爲對手的打壓，一直艱難度日；爲了背靠大樹好乘涼，選擇了和對手合作，結果一切卻只是一個騙局。

雖然經歷這諸多挫敗，但馬雲從來都沒有放棄過。離開中國黃頁後，他開始第二次創業，也就是創立今天的阿里巴巴。經過三年的艱苦掙扎，終於迎來了出頭之日，但是，雖然表面上看起來一切都越來越好了，可誰知道以後還會發生什麼？

互聯網本來就是個變幻莫測的行業，常常是「你方唱罷我登場，各領風騷三五年」。雖然今天不再像從前那樣，付出了再多的努力卻依然勝算無幾，但是，「創業就是在刀光劍影裏求生存」這一比喻還是非常形象的。一個企業無論何時都要不斷武裝自己，隨時準備好接受別人的挑戰……

創業的確不是一件容易的事，但在一些優秀的創業者看來，創業是一件很美妙的事情。一般來說，優秀的創業者體內似乎有著某些特殊的基因，諸如創造的欲望、不滅的激情、面對風險的勇氣等。爲了滿足對夢想的追求，對自我證明的渴望，他們選擇了創業。對於他們而言，創業是一種樂趣，無論遭遇怎樣的困難和挫折，他們都能堅持不懈、不屈不撓。

談到變化，人們在開始成立一家公司的時候，很多東西都不會，都需要學習。學習怎樣處理和客戶、公司股東、員工的關係，學習如何管理公司，一個老闆在人事、財務等方面也都要懂一些，這就要不斷地學習。

第二個就是要堅持。很多時候，在困難面前如果再堅持一下，我們就是最後的勝利者。

潘誠的經驗和馬雲有著很多共同之處，例如變化，例如堅持。年輕的創業者應該好好向他們學習，掌控自己的命運，最大限度地發揮自己的潛能。創業雖然充滿刀光劍影，但只要你有一顆勇敢而執著的心，你就一定能到達成功的彼岸。

2 居安思危，隨時做好過冬的準備

古人云：「安而不忘危，治而不忘亂，存而不忘亡。」這一治國安邦之策對於企業的管理同樣適用。

馬雲表示，作爲辦企業的人來講，在看到未來美好前景的時候也要預測出未來的災難。我們知道，做企業，雖然能長盛不衰的不在少數，但曇花一現的也多得驚人。

在市場經濟條件下，企業之間的競爭越來越激烈，「優勝劣汰」已經是無情而殘酷的商場的唯一法則。但是，優與劣之間，其實也是可以實現相互轉換的。而一個企業的優劣轉換，關鍵就在於那些掌握了企業命運的管理群體是否具有危機意識。領導者有了危機意識，就會激勵員工奮發圖強、防微杜漸，想方設法防患於未然，拒危機於千里之外。即使危機不可避免地發生了，由於準備充分，也當能挽狂瀾於既倒，將損失降到最低，轉危爲安，保持企業的繁榮昌盛。反之，如果領導者危機意識淡薄，其帶領的團隊自然就難以形成危機觀念，企業就會停滯不前，甚至走下坡路，等危機真的發生了，他們又會慌亂失神、束手無策，最終使企業陷入困境。

作爲阿里巴巴的帶頭人，馬雲之所以能扛過互聯網的冬天，在強大的競爭對手面前一次次脫穎而出，關鍵就在於他時刻都有一種危機意識。他有著防患於未然的敏銳洞察力，並能在危機來臨之前，盡最大的可能去化解經營中的潛在風險。

事實上，一個團隊自誕生之日起，就不可避免地進入了一個不斷與危機作鬥爭的過程。能警覺、預見、克服、戰勝危機的團隊，自然可以發展壯大。而有些創業者，總是有了一點點成績就開始沾沾自喜、妄自尊大，一心沉浸在享樂中不能自拔。他們就像一隻井底之蛙，不知道天外有天，更不會去想商場是個充滿變數的地方，一不小心優劣之間便會發生轉換。當然，這樣的企業終究會在無情的競爭中被淘汰出局。

古人說：「兵無常態，水無定形，守業必衰，創業有望。」作爲團隊的引領者，切不可貪圖享受，奢望一勞永逸。一位企業家曾說過：「我們始終生活和工作在憂患之中，任何發明和創造以及在競爭中的勝利，至多只能高興五分鐘！」

因此，一個企業要想發展，必須居安思危，不斷進取。要隨著主客觀形勢的變化不斷調整自己的思路，迅速實現市場意識的轉變，要從滿足市場向創造市場轉變，從狹隘的市場向廣闊的市場轉變。企業的發展是永無止境的，當然，危機也會始終伴隨著企業的整個發展歷程。

二〇〇七年初，人們開始盛傳，整個商業市場的冬天可能馬上就要來臨。對於這些，馬雲表示，他花費了大量的時間，一直在研究未來將會有什麼樣的災難，遇到災難該怎麼辦等等。

在阿里巴巴剛上市的時候，馬雲就給阿里巴巴所有同事寫了一封信，他說：「因爲現在整個世界的經濟都出了問題，在這樣的情況下，所有的企業都要準備好迎接挑戰。」當然，這封信不是說阿里巴巴有冬天，也不是說互聯網有冬天，而是每個人都要有過冬的意識，每個人都要有憂患意識。

在這封郵件中，馬雲還判斷，作為阿里巴巴的主要客戶對象，中小企業群將面臨嚴重的生存壓力。因而，他要求員工幫助中小企業度過「寒冬」。他說：「我們要牢牢記住：如果我們的客戶都倒下了，我們同樣見不到下一個春天的太陽！」最後，他表示，冬天並不可怕，但沒有準備的冬天是非常可怕的。

實際上，早在阿里巴巴B2B在香港上市的時候，馬雲就說過：阿里巴巴B2B提前上市是在為過冬作準備。上市之後，阿里巴巴集團的現金儲備超過二十億美元。二〇〇七年二月，在阿里巴巴集團的年會上，馬雲再次提到：二〇〇八年阿里巴巴要準備過冬，並首次提出二〇〇八年阿里巴巴要「深挖洞，廣積糧」。

作為一個企業的領導人，首先要有持續發展的長遠眼光，要有「永爭第一」的進取精神，只有不斷壯大企業的實力，我們的抗風險能力才能越來越強。

就像俗語說的：機會總是眷顧有準備的人。一個有責任、有遠見、有危機意識的領導者，更有能力帶領自己的團隊走得更高更遠。而那些沒有責任、沒有遠見、沒有危機意識的管理者，在安逸的環境下或許可以悠然自得、光彩照人，但在危機來臨時，往往會被打得落花流水、潰不成軍。所以，請切記：如果風險不期而至，能保你平安的，是你隨時需要準備好的降落傘，而不是身邊那些絢麗的雲彩！

3 冬天不一定人人都會死

近年來，由於經濟不斷衰退，很多準備創業的人都不敢輕舉妄動，而很多已經創業的人也開始後悔，覺得在這樣的金融風暴下自己只有死路一條。

然而，商業思想家保羅・格雷厄姆說：「在經濟衰退期創業似乎也不是那麼糟。當然，我也不是說經濟衰退有助於創業。事情其實很簡單：對於創業而言，經濟狀況並不是什麼大不了的事。」

的確，冬天不一定人人都會死，經濟衰退也不是創業者悲嘆的理由。雖然因爲經濟不景氣，時常會傳出讓你沮喪的某公司倒閉破產的消息，可是，這也預示著你可以用更低的成本獲取更好更稀缺的資源。所以，如果你一直有創業的夢想，有成熟的想法，還有持之以恆的耐力和毅力，那麼就不要讓經濟寒冬阻止了你前進的步伐；如果你已經加入了創業之列，遇到這樣的經濟寒冬，也不要一味抱怨，要趁著冬天未臨之際，加緊儲備資源，苦練內功。

事實上，公司的成敗取決於創業者本身的特質。也就是說，成功的關鍵在於「你是誰」，而不是「你在什麼時候做」。如果你是「正確」的人，你就可以成功——即使是在經濟不景氣的時候；如果你不是那種人，那麼再好的經濟狀況也幫不了你。

二〇〇〇年一月，正值春節前夕，阿里巴巴也沉浸在節日的喜慶當中。由於軟銀的兩千萬美元投資已經到位，加上高盛投資的五百萬美元，阿里巴巴手中已經握有兩千五百萬美元的鉅資，擴張也已是箭在弦上的事了。隨後，阿里巴巴開始了全球跑馬圈地式的擴張：在日本、韓國建立合資公司，在美國建立研發中心，在歐洲設立辦事處，在中國香港建立總部。

阿里巴巴的這次擴張始於二〇〇〇年二月，止於二〇〇一年一月。在差不多一年的時間裏，阿里巴巴平均每個月要「燒掉」近一百萬美元，直到納斯達克的颶風以摧枯拉朽之勢席捲一切，風險投資集體對互聯網收緊了「錢袋子」時，公司才意識到：互聯網的冬天馬上就要到了。

二〇〇〇年十月，忙碌的人們終於迎來了國慶長假，而此時的馬雲卻率領阿里巴巴的全體高管，在西湖西子賓館召開了一次秘密會議，要對公司的戰略和發展方向進行一系列的大調整。這次會議後來被稱爲拯救阿里巴巴的「西湖會議」。

按照會議的決議，爲了挽救公司的命運於危亡時刻，必須實施戰略收縮。公司決定，把「司令部」從中國香港搬回杭州大本營，香港則降格爲中國區總部。

人員裁減也是不得已之舉。在二〇〇〇年的海外擴張中，海外機構的大量設立讓公司的運營成本驟增，這些成本主要集中在美國、香港等地的機構上，並且以人力資源開支爲主。最終，阿里巴巴選擇了壯士斷腕，三十多人的美國研發中心基本上被全部裁撤，香港的三十餘人最後也只剩下七八人。

節流只是西湖會議的目的之一，另外一個目的則是開源。確切地說，就是確定阿里巴巴將來的贏利模式和主打產品。這才是阿里巴巴絕處逢生的關鍵所在。

在經過了世紀初互聯網的寒冬之後，二〇〇二年，阿里巴巴高調宣布實現贏利一塊錢，並宣布第二年要日收入達到一百萬、第三年的日贏利要達到一百萬、第四年的日繳稅要達到一百萬。這一系列的數字讓公眾感覺到了馬雲氣逾霄漢的魄力。

所以說，企業的冬天並不可怕，因爲在你遭遇冬天的時候，對手可能也正不知所措，於是就會放鬆對你的警惕和抗衡。當然，這個時候，你更要給自己一種緊迫感，你可以通過制度建設爲每個員工「前面鋪一條路，後面挖一條溝」，通過宣傳教育使每個員工意識到「前面有一塊金錠，後面有一隻老虎」，促使所屬團隊的全體員工眼光向前，爲創造企業的輝煌共同努力。

同樣的牌，不同的人出，什麼時間出，如何出……效果當然會完全不一樣。

正所謂，拿到一副好牌固然重要，但更重要的是如何出好這副所謂的好牌。因爲，當你拿到一副好牌時，對手的牌也不一定會差到哪兒去。

好壞是相對的，強弱也是暫時，所有的優劣勢都是可以相互轉換的。只有把握好行業的本質，方能眾人皆醉我獨醒，也只有這樣，才能在行業發展速度的快慢轉化和成長拐點的升降中有所爲有所不爲，最終成爲贏家。

4 繁榮的背後是蕭條，上市是為了過冬做準備

在很多人看來，阿里巴巴已經是全球第六大互聯網公司，而且隨著阿里巴巴在香港的上市，它在業界的地位也更加穩固了。然而，讓人們沒想到的是，馬雲卻在「二〇〇七中國企業領袖年會」上坦言，阿里巴巴上市的一個重要原因，是爲融到錢，爲「過冬」作準備。

事實上，還是在阿里巴巴沒上市之前，在接受記者採訪的時候馬雲就表示：中國的外貿出口企業正面臨人民幣升值、原材料價格上漲、勞動力成本上升等諸多問題，阿里的許多客戶都受到了影響。

他說：「今天的我們肩負著比以往更大的責任，我們不僅要自己不倒下，還有責任保護我們的客戶——全世界相信並依賴阿里巴巴服務的數千萬中小企業不能倒下！」

爲此，馬雲提出了兩點過冬的措施：第一，要有過冬的信心和準備；第二，要做冬天該做的事。他一直都認爲，今天很艱難，明天會更艱難，後天就會陽光燦爛，但無數人會死在明天晚上。他說：「如果我現在六十歲了，我可能會懼怕改變，但現在我才剛四十歲，還有夢想、還有改變的動力和能力。」

在馬雲看來，目前的「危機」並非危機，而是全球化發展的陣痛。

在阿里巴巴上市之後的兩周內，股票從十三點三港幣漲到了四十港幣，緊接著，兩周之後，股票再次由四十港幣跌到了三港幣。對此，馬雲依然表現得非常冷靜，他表示，這不是阿里巴巴出了問題，而是這個市場出了問題。

二〇〇八年二月底，爲了瞭解自己「心中的偶像」對於這次危機的判斷和感受，馬雲和他的高管團隊到美國西雅圖對雅虎、Google、Apple、微軟、星巴克以及GE等一系列美國知名跨國公司做了爲期半個多月的訪問。

此次美國之行被馬雲視作進行團隊建設的最好時機，過去、今後都很難再有機會遭遇如此「百年一遇」的金融危機了。馬雲向在座的美國聽眾強調：「在我過去十多年的創業經歷裏，每當所有事情都很順利，我感覺可以放鬆歇一歇的時候，一定會有大麻煩出現；而每當情況糟得不能再糟時，轉機卻翩然而至——十五年來，屢試不爽！」同樣，此次危機也被馬雲稱作轉機的前夜。

雖然寒冬很冷，整個企業界基本已經哀鴻遍野、風聲鶴唳，不過一旦資源整合，寒冬過去，許多不合格的企業就會被淘汰掉，而那些能夠沉著應對、默默修煉內功的企業往往會一夜崛起，成爲行業中的新秀。這就是寒冬下企業過冬的真實寫照。

經濟危機的週期性衝擊是沒有人能夠避免的，包括已滿八十歲的李嘉誠，他在漫長的商業生涯中也經歷過多次危機。李嘉誠的創富故事已經廣爲流傳，但很少有人發現，李嘉誠往往是在金融危機或者經濟衰退中體現出其高人一籌的「創富力」的，甚至能夠使個人財富更上一層樓。

一九九七年亞洲金融風暴之前，香港恆生指數從一九九五年年初的六九六七點猛升到一九九六年年底的一三二〇三點，漲幅高達百分之八十九點五。而且自一九九五年第四季度起，香港地產也從谷底迅速回升，房價幾乎每天都在創出新高，中原地產指數由一九九六年七月的六十六點急升至一九九七年七月的一百點，十二個月內升幅逾百分之五十。

在股價和房價高漲的情況下，李嘉誠領導下的長江實業於一九九六年實施了九年來的首次股本融資，募集資金五十一點五十四億港元。此外，長實還通過附屬子公司向少數股東大量發行股份，募集資金四十一點七八億元。財報顯示，長實在一九九六年融資前，現金流出淨額高達八十八點八八億港元，它主要通過股權融資的方式，使當年的淨現金流入由負數轉爲了正數。這也使長實在亞洲金融危機爆發、市場銀根收緊之後，仍然可以進行選擇性投資。

二〇〇七年年底，又一次亞洲金融危機出現，在零散出售資產已無法滿足後續資金的投入時，李嘉誠帶領和記黃埔採取了將各項目分拆上市的戰略，使各項目負擔自身的現金流，並避免了和黃股價被嚴重低估。截至二〇〇八年六月三十日，和黃的現金和流動資金總額已達一千八百二十二點八九億港元。

從金融危機中的個人投資表現看，李嘉誠同樣善於高沽低買、控制風險，對於所投資項目的價值和價格掌握精准，從而製造了大量非經常性贏利。在香港股市的深幅下跌中，他成功增持了「長和系」股份。當然，李嘉誠的成功不僅在於恰當的過冬哲學，其對於投資趨勢的判斷、時機的把握同樣需要經驗、理智與膽識。

事實上，對於很多公司而言，在業務尚未進入良性運轉之前就上市，其目的要麼是套現，要麼是儲備。而作爲中小企業的企業主們，一旦嗅到這種「上市之風」，最好能提前爲企業全力打造「保暖內衣」，以便在冬天來臨之際從容應對。

5 危機也是轉機，要懂得化解危機並利用危機

提到機遇，人們總會想到美好的未來，於是充滿了嚮往；可提到危機，人們總是心存恐懼，恨不能離得越遠越好。然而，世事多變，沒有絕對的機遇，也就沒有絕對的危機。事實證明，在通往成功的道路上，從來少不了危機的身影。這些危機可能來自於你的內心，也可能來自於你當下的境遇，但它並非一成不變。在某些情況下，「危機」可能就是你的「轉機」，正如那句名言所說：「塞翁失馬，焉知非福？」只要沒到最後一刻，就不要輕易給「危機」下結論，把精力用在思考補救的辦法上，它就一定會被你的信心和勇氣所化解。

當迎來二〇〇八年的又一個寒冬的時候，馬雲卻公開表示，此時正是中小企業發展的絕佳時機，阿里巴巴已經爲中國的中小企業提供了利用互聯網創造價值和財富的機會，對於美國數以百

萬的中小企業來說，阿里巴巴也能夠提供同樣的機會。因此，早在二〇〇七年七月份向全公司發信，宣告「危機來臨」的同時，馬雲就迅速調整了阿里巴巴的戰略和產品，專門劃出三千萬美金用於國際市場推廣，其中絕大部分投入到了美國，其次是歐洲。

「我們將擴大阿里巴巴在美國辦公室的規模，投入更多的資金，招聘更多的人才——在矽谷，我們就剛剛面試了不少工程師以及即將畢業的學生。」

即便雄心如此，但依舊不可否認，此次金融危機給出口導向型的中國經濟帶來了深重影響。而阿里巴巴最主要的客戶就是從事國際貿易的中小企業。隨著危機的一步步深入，訂單爲零的企業越來越多，阿里巴巴也不可能不受影響。

談及中小企業，馬雲表現出了一貫的樂觀：「我從來不爲中國的中小企業擔心。他們幾乎沒有向銀行貸過款，也不是靠負債擴張。過去二十年間，這些中小企業憑藉自己的聰明、毅力和勤勞走到今天——沒有人引領，他們已然用上了互聯網，並且他們會不斷學習，學會利用互聯網做生意。目前的艱難時刻，創造工作機會是一切經濟刺激計畫的核心要旨，而中小企業則可以提供大量的工作機會，這使它成爲了國家經濟刺激計畫的一部分。最重要的是，這些企業家從不言敗！」

其實，不僅僅是阿里巴巴或互聯網，每一個企業在面對經濟寒冬的時候都有他自己的對策。所以，創業者一定不能坐以待斃，在寒冬期間更要全力以赴、有條不紊地全面整改企業內部一切不好的制度和體系，爭取做到利用危機強大自己。對此，我們要做的是：

第一，**優化人才**。借機淘汰素質低下、工作散漫的員工，聘用相關行業能力突出、表現卓越的優質人才，以優化人員結構，並制訂更能激發員工積極性與鬥志的員工激勵制度體系。

第二，**練好內功**。利用這個機會加大內部建設，加強團隊的素質培訓，強化售後服務品質體系，以贏取更多的口碑和品牌美譽度。

第三，**適度減少經銷利潤**。按照市場需求調整利潤結構，如果是實體店，可以借這個機會推出一些價格實惠的特價產品，以吸引更多的中端消費群體，取得更多、更長遠的利益。

第四，**資源抄底**。在經濟高速發展、消費高度繁榮的前幾年，對許多企業來講，一些好的資源（包括技術、地產等）是可遇不可求的。然而，在目前經濟危機的衝擊下，資源「抄底」的機會也已經悄然來臨。現在，我們可能只用花費一半甚至不到一半的代價就能取得這些稀缺的不可再生資源，這個生意相對低迷的冬天將給我們的事業帶來絕佳的發展機遇，只有借勢掌握了這些稀缺資源，春天到來時我們才會有更大的生長空間。這時的選擇很可能決定了在下次春天來臨之際，你是否能夠一舉成爲基業常青的一方霸主！

可見，在現今的商戰市場中，常常是機遇中夾雜著危機，危機中充滿著機遇。因此，作爲企業老闆，要想讓企業得以長期存在並發展，必須放棄一味憂怨畏懼、瑟瑟發抖的弱者姿態。只要你能夠勇敢面對現實、強健機體、激揚活力，便能化危機爲轉機，以爭取到更大、更好的發展空間。

6 正確處理危機，並在危機中強大自己

在我國，很多中小企業連創業的最初時期都無法度過，便已經無聲無息地消失了。也有相當一部分企業，雖然能順利進入成長期，但往往會在短暫的高速擴張後很快又陷入困境；有的甚至像流星一樣，快速成長，然後很快隕落……尤其是在近年來，隨著經濟危機的蔓延，許多正在起步或已經處於發展階段的中小企業更加擔驚受怕。在他們看來，這次經濟危機也許就是葬送自己的墳墓。

然而，對於這種危機狂潮的來襲，馬雲卻說：「危機來的時候，我就有一種莫名的興奮——我的機會來了。」

二〇〇七年，就在人們正在熱議如何應對下一輪經濟危機的時候，阿里巴巴卻宣布了一項大規模海外推廣計畫。據阿里巴巴B2B公司CEO衛哲透露，此次全球推廣計畫規模空前，覆蓋廣泛，三千萬美元的總投入是往年的三到五倍，所選管道包括全球知名的十餘個商業網站及二十多個國家的本土知名網站，以及二十餘個國家的當地關注度最高的電視媒體、平面媒體等。

正如一九九九年諾貝爾經濟學獎得主、歐元之父蒙代爾教授說的：「如果美國經濟衰退，恰

恰可能使美國人轉而加大對中國基礎品的消費。」

馬雲也認爲，無論發達國家的經濟如何衰退，居民基本的生活消費需求不會減少，主要減少的是奢侈品的消費。同時，對於基本的生活消費，居民將更加傾向於尋求物美價廉的「中國製造」。而通過電子商務平臺的途徑，將大大降低進出口雙方的交易成本，以滿足在經濟危機時期居民對於物美價廉的產品的消費需求。

因此，阿里巴巴進行大規模的海外宣傳推廣恰逢其時，這可以讓更多美歐國家等海外進口商知道，通過阿里巴巴電子商務平臺，可以以更低的交易成本高效地與「中國製造」企業達成交易，爲美歐等國家的居民和企業提供大量物美價廉的產品和設備。而中國的出口企業也將在阿里巴巴大規模的海外推廣中獲益，得以降低出口成本，度過目前的全球經濟危機。

由此可見，危機在給眾多企業帶來不幸的同時，也常常潛藏著許多機會。這就要看你是否有眼光、有遠見、有膽量把握住這個機會，並正確及時地處理危機。

在危機來臨之際，是否能夠及時處理危機是非常關鍵的。

危機之所以有巨大的殺傷力，很重要的一點就在於其突發性。在企業爆發危機時，企業自身利益的相關者——不論是客戶、企業員工，還是股東、合作夥伴，他們都會在第一時間感受到衝擊。這種情況下，企業危機的處理者能否在第一時間內掌握所有關於危機的資訊就顯得至關重要。這對判斷危機的性質、採取哪種措施應對等都具有參考價值。但在採取補救措施之前，要儘快將掌握的資訊如實地公佈出去，這是永遠都不會錯的決定。因爲，人們早晚都會知道事情的真相，而後面的補救措施，正需要一個真誠的、解決問題的態度來作爲前提。

另外，在處理危機的時候，要盡可能掌握主動權，避免被動。很多企業的危機之所以會出現失控的局面，主要原因就是對於危機出現了「資訊真空」。危機資訊的缺失，不僅使錯誤的或者不恰當的資訊迅速填補企業利益相關者和公眾的頭腦，最要命的是，企業危機處理者本身的沉默就是在傳遞一種消極的態度。而爲了掌握主動權，危機的處理者要時刻保持主動溝通的意識。當第一時間不能迅速公開全部資訊時，要盡可能地提供相關背景資訊。一方面，能迅速以合作而非抵觸的態度獲得媒體和公眾的初步認同；另一方面，前期的背景資訊，不僅可以爲後期全面披露資訊爭取時間，而且也有利於媒體更全方位地理解危機的性質，避免以偏概全的現象出現。

事實上，能夠把握機會的人，也常常能夠通過危機擴張自己的實力，從而增強企業的競爭力。但是，在擴張自己企業的同時，我們一定要注意幾點：

首先，要根據自身的基礎和條件控制企業擴張的規模和速度。

企業擴張實踐中，擴張規模和速度的具體決定取決於企業自身的成長基礎和條件，包括企業的管理能力、企業擁有的組織資源的種類和數量等。在企業管理能力方面，主要是企業識別新的市場機會和開發後續產品的管理能力。當創業者正確地識別和及時地抓住了新的市場機會，並採用了正確的產品和市場戰略，企業就可能會進入一個高速擴張階段。

其次，在企業擴張的同時，一定要加強學習，不斷提升中小企業家的素質。

企業家作爲企業成長的領袖人物，其素質和水準與企業的興衰成敗緊密相關，管理者的素質及其工作能力，決定著一個企業的成敗興亡。中小企業的業務範圍相對集中，企業家對經營管理決策的影響程度更大。因此，企業家素質的提升是中小企業成長的關鍵。

再者，企業擴張的同時，一定不忘加強企業的基礎管理工作。

一個優秀的企業，必定要有優秀的管理作爲支撐。當前，我國中小企業管理水準普遍不高，企業管理大多依靠企業家的個人經驗，缺乏科學的理論和方法。這種情況如果持續下去，必將成爲制約我國中小企業未來發展的瓶頸。因此，中小企業必須在管理理念、管理方法上進行變革和創新，不斷吸收先進的管理經驗，在科學理論的指導下，實現管理的現代化、制度化、資訊化。

最後，文化建設應與企業擴張同步，要充分發揮企業文化的積極作用。

管理是以文化爲基礎的。企業文化通過凝聚作用、激勵作用、協調作用、約束作用和塑造形象的作用推進中小企業成長。因此，企業要確定先進的價值觀和正確的經營理念。

總之，在企業的冬天來臨之際，我們要做好一切防護工作，在保證自己能夠安全過冬的同時，更要不失時機地尋找企業發展的突破口。

首富馬雲獨家創業課—阿里巴巴的新突破

編　　者：魯　智
發 行 人：陳曉林
出 版 所：風雲時代出版股份有限公司
地　　址：105台北市民生東路五段178號7樓之3
風雲書網：http://www.eastbooks.com.tw
官方部落格：http://eastbooks.pixnet.net/blog
信　　箱：h7560949@ms15.hinet.net
郵撥帳號：12043291
服務專線：(02)27560949
傳眞專線：(02)27653799
執行主編：朱墨菲
美術編輯：風雲時代編輯小組

法律顧問：永然法律事務所　　李永然律師
　　　　　北辰著作權事務所　蕭雄淋律師
版權授權：南京快樂文化傳播有限公司
初版日期：2015年5月

ISBN：978-986-352-161-7

總 經 銷：成信文化事業股份有限公司
地　　址：新北市新店區中正路四維巷二弄2號4樓
電　　話：(02)2219-2080

行政院新聞局局版台業字第3595號
營利事業統一編號22759935

定 價：280元

國家圖書館出版品預行編目資料

首富馬雲獨家創業課 / 魯 智著. — 初版. —
臺北市 : 風雲時代, 2015.03
　面 ;　公分
ISBN 978-986-352-161-7(平裝)
1.馬雲 2.企業管理 3.創業

494.1　　　　　　　　104002600